高职高专示范建设系列教材

数字测图实用教程

主编　熊秋荣

主审　汪仁银

西南交通大学出版社
·成都·

图书在版编目（CIP）数据

数字测图实用教程 / 熊秋荣主编. 一成都：西南
交通大学出版社，2014.8（2024.1 重印）
高职高专示范建设规划教材
ISBN 978-7-5643-3404-8

Ⅰ. ①数… Ⅱ. ①熊… Ⅲ. ①数字化测图－高等职业
教育－教材 Ⅳ. ①P231.5

中国版本图书馆 CIP 数据核字（2014）第 201103 号

高职高专示范建设系列教材

数字测图实用教程

主编　熊秋荣

责 任 编 辑	曾荣兵
助 理 编 辑	胡晗欣
特 邀 编 辑	柳堰龙
封 面 设 计	何东琳设计工作室
出 版 发 行	西南交通大学出版社
	（四川省成都市金牛区二环路北一段 111 号
	西南交通大学创新大厦 21 楼）
营销部电话	028-87600564　028-87600533
邮 政 编 码	610031
网 　 址	http://www.xnjdcbs.com
印 　 刷	郫县犀浦印刷厂
成 品 尺 寸	185 mm × 260 mm
印 　 张	9.75
字 　 数	241 千字
版 　 次	2014 年 8 月第 1 版
印 　 次	2024 年 1 月第 6 次
书 　 号	ISBN 978-7-5643-3404-8
定 　 价	27.00 元

前　言

　　本书是四川水利职业技术学院测绘工程系根据四川省高职示范院校建设要求，以"项目导向、任务驱动、工学结合"的教学模式为出发点，以技能培养为主线，结合行业需求，按照《数字化测图》课程标准编制的"工程测量技术专业"示范教材。本书可以作为高等职业院校测绘类专业配套教材，也可供相关工程技术人员参考。

　　本书依据专业人才培养要求，结合测绘行业标准，根据在企业生产一线对数字测图员岗位职能及数字测图生产过程所进行调研的成果，结合编者在生产和教学过程中积累的经验，从职业技能与职业素养的全面培养出发，按照"学以致用、教学与生产有机融合、学校与企业无缝对接"的指导原则，将数字测图生产全过程进行解构，摒弃传统教材只注重知识传授的缺点，将理论和实践有机结合。全书以数字化测图及用图为主线，设置了 4 个学习情境，19 个任务，将数字测图的基本理论、基本方法、操作流程有机融合在一起。教师可以"做中教"，学生可以"做中学"，"教""学""练""做"一体化，培养和强化学生的职业能力，实现教学过程与工作过程的无缝对接。

　　全书由四川水利职业技术学院测绘工程系熊秋荣编写，四川水利职业技术学院测绘工程系汪仁银对全书进行了审阅；本书在编写过程中，四川水利水电勘测设计研究院测绘分院刘建、四川省建筑工程职业技术学院许辉熙等对本书的内容提出了许多中肯的修改意见，在此一并表示感谢。

　　由于编者水平所限，书中不妥之处在所难免，衷心希望读者在使用过程中提出宝贵意见，以便于今后的修正和完善。

编　者

2014 年 5 月 30 日于都江堰

目　录

学习情境一　认识数字测图

【知识目标】

了解数字测图的基础知识、发展历程；了解数字测图的特点及系统构成；熟悉数字测图工作流程；掌握数字测图系统的工作模式；理解与数字测图相关的一些基本概念和数字测图的主要特点；了解数字测图的发展历程；能够陈述数字测图的主要硬件系统的构成、数字测图的主要软件及其系统的构成；能列举几种常见的作业模式。

【能力目标】

能够根据具体情况熟练选配数字测图的硬件和软件系统；能够根据不同条件选择合适的数字测图作业模式。

任务一　数字测图相关概念

任务描述：理解和掌握数字测图的相关概念。

一、地图、传统地图

1. 地　图

地图是一种古老而有效、并一直沿用至今的精确表达地表现象的方式，是记录和传达关于自然世界、社会和人文的位置与空间特性信息的卓越工具。地图的起源很早，在人类社会发展的过程中，很早就开始利用图画或符号记载周围的地理环境；随着人类生产、生活范围和实际需要的扩大，地图也在不断变化。同时，地图随着人类对空间信息的认识、加工和利用水平的提高及科技的整体进步而不断发展。它对人类社会发展的作用如同语言和文字对社会发展的作用一样，具有极大的重要性。从本质上讲，地图是对客观存在的特征和变化规则的一种科学概括和抽象。

与早期用半符号、半写景的方法来表示和描述地形的地图相比，现代地图是按照一定的数学法则，运用符号系统概括地将地面上各种自然和社会现象表示在平面上，因此，现代地图具有早期地图无法比拟的优点，即现代地图具有可量测性。

地形图属于地图的一种，主要用于反映地表的地形和地貌，在没有特别说明的情况下，"地图"一词包括地形图。

2. 传统地图及其成图方法

传统地图通常指以经纬仪、大平板仪等大地测量仪器按图解方式测制的地图。

这种地图成图方式的特点，是利用经纬仪、大平板仪等大地测量仪器在野外完成角度、距离、高差的测量、记录等外业工作，以及在室内完成计算、处理，绘制地形图等内业工作。由于地形测量的主要成果——地形图是由测绘人员利用量角器、直尺等工具模拟测量数据，按规定的图式符号和比例尺缩绘在白纸或聚酯薄膜上，所以又俗称白纸测图或模拟法测图。

传统地图有几个明显的缺点，如工序复杂、劳动强度大、精度损失严重、反映的信息有限、更新缓慢等。

随着科技的发展，传统成图方式已经明显不能适应社会发展的需要，必然为更先进的成图方式所取代。

二、数字测图发展与展望

（一）数字测图发展历程

数字化测图是近些年随着计算机、地面测量仪器、数字化测图软件的应用而迅速发展起来的一种全新测图方式，其成果已广泛应用于测绘生产、水利水电工程、土地管理、城市规划、环境保护和军事工程等部门。

数字测图发端于国外，其发展过程可以从以下 3 方面进行考察。

1. 机助地图制图的发展

数字测图首先是由机助地图制图（也称自动化制图）开始的。机助地图制图技术萌芽于 20 世纪 50 年代。

1950 年，第一台能显示简单图形的图形显示器在美国麻省理工学院作为旋风 1 号计算机的附件问世。1958 年，美国 Calcomp 公司将联机的数字记录仪发展成滚筒式绘图机，而 Greber 公司则将数控机床发展为平台式绘图仪。

20 世纪 50 年代末，数控绘图仪首先在美国出现，与此同时出现了第二代、第三代电子计算机，从而促进了机助制图的研究和发展，很快即形成了一种"从图上采集数据进行自动制图"的系统。同一时期，美国国防制图局开始研究制图自动化问题，即将地图资料转换成计算机可读的形式，并由计算机处理、存储，继而自动绘制地形图。这一研究同时也推动了制图自动化全套设备的研制，包括各种数字化仪、扫描仪、数控绘图仪以及各类计算机接口技术等。

1964 年，首次实现在数控绘图仪上绘出地图。

1965—1970 年，第一批计算机地图制图系统开始运行，用模拟手工制图的方法绘制了一些地图产品。

20 世纪 70 年代，在新技术条件下，对机助制图的理论和应用问题，如图形的数学表示和数学描述、地图资料的数字化和数据处理方法、地图数据库、制图综合和图形输出等方面的问题进行了深入的研究，许多国家（如美国、加拿大及欧洲各国）都建立了软硬件结合的交互式计算机自动地图制图系统，制图自动化逐渐形成规模生产，测绘部门都有自动制图技术的应用。当一幅地形图数字化完毕，由绘图仪在透明塑料片上回放出地图，与原始地图叠置，检查数字化过程中产生的错误并加以修正。制图技术的发展有力地推动了地理信息的发展。

20 世纪 70 年代，电子速测仪问世，大比例尺地面数字测图开始发展。

20 世纪 80 年代，全站型电子速测仪迅猛发展，并加速了数字测图的研究与应用，数字测图进入推广应用阶段，各种类型的地图数据库和地理信息系统相继建立起来，计算机地图制图得到了极大的发展和广泛的应用。

当时的自动制图系统主要包括数字化仪、扫描仪、计算机及显示系统 4 个部分，至 20 世纪 80 年代后期，国际上已有较优秀的用全站仪采集，电子手簿记录、成图的数字测图系统，但用数字化仪进行数字化成图仍是主要的自动成图方法。

2. 航空摄影测量的发展

作为数字化测图方法之一的航空摄影测量，起源于 20 世纪 50 年代末期，当时的航空摄影测量都是使用立体测图及机械联动坐标绘图仪，采用模拟法测图原理，利用航测像对制作出线划地形图。至 60 年代出现了解析测图仪，由精密立体坐标仪、电子计算机和数控绘图仪等三个部分组成，将模拟测图创新为解析测图，但其成果依然是图解地图。

20 世纪 80 年代初，我国为了满足数字测图的需要，在生产和使用解析绘图仪的同时，把原有模拟立体量测仪和立体坐标量测仪逐渐改装成数字绘图仪，将量测的模拟信息经过编码器转换为数字信息，由计算机接收并处理，最终输出数字地形图。

80 年代末、90 年代初又出现了全数字摄影测量系统。全数字摄影测量系统作业过程大致如下：将影像扫描数字化，利用立体观测系统观测立体模型（计算机视觉），利用系统提供的扫描数据处理、测量数据管理、数字定向、立体显示、地物采集、自动提取 DTM、自动生成正射影像等一系列量测软件，使量测过程自动化。全数字摄影测量系统在我国迅速推广和普及，目前已基本取代了解析摄影测量。

数字摄影测量的发展为数字测图提供了各种数字化产品，如数字地形图、专题图、数字地面模型等。

3. 大比例尺数字测图的发展

大比例尺地面数字测图，是 20 世纪 70 年代在轻小型、自动化、多功能的电子速测仪问世后，在机助制图系统的基础上发展起来的。20 世纪 80 年代全站型电子速测仪的迅速发展，加速了数字测图的研究和发展。如 20 世纪 80 年代后期，国际上已有较优秀的用全站仪采集，电子手簿记录、成图的数字测图系统。

1）国内发展状况

我国从 20 世纪 80 年代初开始了数字测图技术的研究、开发、试用和完善，目前已涌现出一些较优秀的数字测图软件，如清华大学土木系和清华山维公司研究开发的 EPSW 电子平板测图系统、南方地形地籍成图系统 CASS 系列及武汉瑞得信息工程有限公司开发的数字化测图系统 RDMS 系列等，许多测绘部门已用它们形成数字图的规模生产。数字测图技术正趋于成熟，终将取代人工模拟测图，成为地形测绘的主流。

我国数字化测图的发展过程大体上可分为四个阶段。

第一阶段：1983—1987 年，为引进阶段。主要是引进国外大比例尺数字测图系统。

第二阶段：1988—1991 年，为开发及研究阶段。这一阶段研制成功了数十套大比例尺数字化测图系统，并都在生产中得到应用。

第三阶段：1991—1997 年，为总结、优化和应用推广阶段。这一阶段发展出了一些新的数字化测图方法。

第四阶段：1997 年至今，为数字测图技术全面成熟阶段，数字测图系统成为 GIS（地理信息系统）的一个子系统。至此，我国测绘事业开始全面进入数字测图时代。测图时代，采用的测图方法主要是地面数字测图（或全野外数字测图）

目前我国地面数字测图主要采用全站仪和 GNSS-RTK 数字测记模式。

最初的全站仪测记阶段，主要利用全站仪采集数据并记录数据（也有利用电子手簿记录并处理数据的），同时人工绘制标注测点点号的草图或编制编码，在室内将测量数据直接由全站仪或记录器传输到计算机，在成图软件的环境下由人工按草图编辑图形文件，在计算机上实现半自动成图。

此外，也有采用"全站仪+便携机（笔记本电脑）"的电子平板模式，即利用笔记本电脑的屏幕模拟测板在野外直接观测，把全站仪测得的数据直接展绘在计算机屏幕上，利用软件的绘图功能边测边绘，经人机交互编辑修改，最终生成数字地形图，由绘图仪绘制地形图。

目前，野外测记模式仍在采用，但成图软件有了实质性的进展。一是开发了智能化的外业数据采集软件；二是计算机成图软件能直接对接收的地形信息数据进行处理。

2）国外发展状况

20 世纪 90 年代，GNSS-RTK 实时动态定位技术（载波相位差分技术）出现并日趋成熟，GNSS-RTK 数字测记模式开始被广泛应用于数据采集。GNSS-RTK 数字测记模式采用 GNSS 实时动态定位技术，实地测定地形点的三维坐标，并自动记录定位信息。它的出现提高了数字测图的效率，使 GNSS-RTK 数字测量系统在开阔地区逐渐成为地面数字测图的主要方法。而且，随着俄罗斯 GLONASS 卫星定位系统、欧盟的伽利略全球定位系统及我国的北斗导航卫星定位系统的建立和完善，必将出现更多联合利用多种全球定位系统的 GNSS-RTK，届时 GNSS-RTK 数字测图将在各种地形条件下（包括城镇环境）得到更为广泛的应用，发挥出更大的作用。

（二）数字测图发展前景

随着科学技术水平的不断提高和地理信息系统（GIS）的不断发展，全野外数字测图技术将在以下方面得到较快发展。

（1）无线传输技术（如蓝牙技术）的广泛应用，使得以镜站为中心的无点号、无编码的镜站遥控电子平板测图系统成为发展趋势。

无线数据传输技术应用于全野外数字测图作业中，将使作业效率和成图质量得到进一步提高。目前生产中采用的各种测图方法，所采集的碎部点数据要么储存在全站仪的内存中，要么通过电缆输入电子平板（笔记本电脑）或电子手簿。由于不能实现现场实时连线构图，必然影响作业效率和成图质量。即使采用电子平板（笔记本电脑）作业，也由于在测站上难以全面看清所测碎部点之间的关系，而降低效率和质量。为了很好地解决上述问题，可以引入无线数据传输技术，即实现电子手簿与测站分离，确保测点连线的实时完成，并保证连线的正确无误。具体方法如下：

在全站仪的数据端口安装无线数据发射装置，它能够将全站仪观测的数据实时地发射出去；开发适用于电子手簿的数字测图系统，并在电子手簿上安装无线数据接收装置。作业时，电子手簿操作者与立镜者同行（熟练操作员或简单地区，立镜者可同时操作电子手簿），每测完一个点，全站仪的发射装置马上将观测数据发射出去，并被电子手簿所接收，测点的位置即会在电子手簿的屏幕上显示出来。操作者根据测点的关系完成现场连线构图，这样可避免由于辨不清测点之间的相互关系而产生的连线错误；不必绘制观测草图进行内业处理，从而实现效率和质量的双重提高。

目前已有一些较为成熟的测绘仪器，如徕卡 TPS1200 系列（目前该系列全站仪某些型号的仪器已经可以扩展为超站仪）全站仪已经实现了上述功能，如图 1.1、1.2 所示。

图 1.1　利用徕卡 TPS1200 系列全站仪进行镜站遥控电子平板测图 1（仪器自动跟踪目标）

图 1.2　利用徕卡 TPS1200 系列全站仪进行镜站遥控电子平板测图 2

（2）全站仪与 GNSS-RTK 技术相结合的测图模式将迅速发展，一种全新的仪器——"超站仪"将逐渐普及。

全野外数字测图技术的另一发展趋势是 GNSS-RTK 技术与全站仪相结合的作业模式。GNSS 具有定位精度高、作业效率高、不需点间通视等突出优点。实时动态定位技术（RTK）更使测定一个点的时间缩短为几秒钟，而定位精度可达厘米级。作业效率与全站仪采集数据相比可提高 1 倍以上。但是在建筑物密集地区，由于障碍物的遮挡，容易造成卫星失锁现象，使 RTK 作业模式失效，此时可采用全站仪作为补充。

所谓 RTK 与全站仪联合作业模式，是指测图作业时，对于开阔地区以及便于 RTK 定位作业的地物（如道路、河流、地下管线检修井等），采用 RTK 技术进行数据采集；对于隐蔽地区及不便于 RTK 定位的地物（如电杆、楼房角等），则利用 RTK 快速建立图根点，用全站仪进行碎部点的数据采集。这样既免去了常规的图根导线测量工作，同时也有效地控制了误差的积累，提高了全站仪测定碎部点的精度。最后将两种仪器采集的数据整合，形成完整的地形图数据文件，在相应软件的支持下，完成地形图（地籍图、管线图等）的编辑、整饰工作。

该作业模式的最大特点是在保证作业精度的前提下，可以极大地提高作业效率。可以预见，随着 GNSS 的普及、硬件价格的进一步降低和软件功能的不断完善，GNSS 与全站仪相结合的数字测图作业模式将会得到迅速发展。

此外，目前还出现了一种全新的、集合全站仪测角功能、测距功能和 GNSS 定位功能，不受时间和地域限制，不依靠控制网，无须设基准站，没有作业半径限制，单人单机即可完成全部测绘作业流程的一体化的测绘仪器——超站仪，如图 1.3 所示。这种仪器主要由动态 PPP、测角测距系统集成。

图 1.3 超站仪

其操作方法为：在一点架站，与基站连接，测出该点的 WGS-84 坐标，以另外的一个或多个已知点（或在接下来测量中要测定的另外一个点）定向，超站仪会自动计算坐标方位角（或在获得未知定向点坐标后再计算），然后进行碎部点测量，得出的图形可直接作为结果输出。

超站仪克服了目前国内外普遍使用的全站仪、GNSS、RTK 技术的众多缺陷；克服了顶空不通视对 GNSS 技术造成的困难；克服了目前最集中体现现代测绘科技发展进步的 RTK 技术

数字测图实用教程

和 RTK 网络技术必须设基准站且作业半径范围受限制的困难。这使测绘作业从此彻底摆脱了控制网的束缚，可以随时测定地球上任意一点在当地坐标系下的高斯平面坐标，而且精度均匀；可以极大地减轻目前测绘作业的劳动强度。而且具有独立性、准确性、易操作性等各种测量手段的优势集合。

自由超站仪是目前最新的一种集高精度动态单点定位系统、测角、测距系统一体化的新型测绘仪器。它开创了一种不受时间地域限制、不依靠测量控制网、无需设基准站、无作业半径限制，在全球任何地区测量精度一致，单人手持单机即可完成全部野外作业的测绘新模式。

其创新特点如下：

① 开创了不依靠控制网、无须设基准站、不受作业半径限制、单人单机即可完成全部野外作业的测绘新模式。

② 动态单点绝对定位精度优于 0.3 m，静态单点定位精度为 1 cm。

③ 动态 PPP、测角、测距三位一体化集成。

④ 动态 PPP 定位软件具有自动从网上搜索和下载 GIS 精密星历和钟差、进行非差精密定位解算等功能。

自由超站仪实现了无基站、高精度、动态 GNSS 单点定位。单台 GNSS 独立作业、完成绝对定位，快捷而简便。一般情况下，每个待定点上定位时间为 1～3 s，观测条件较差的情况下，也只需观测 1 min 即可，而单点动态绝对定位平面精度优于 0.3 m。

自由超站仪实现了高精度动态单点定位测图，使得测绘工作从此摆脱测量控制点的束缚，简化了测图工作程序，大大减轻了测绘作业劳动的强度。将 GNSS 和全站仪集成为自由超站仪系统，可以在植被、建筑物等覆盖的隐蔽地区一带作业，克服了 GNSS 要求顶空必须通视的缺点。在全球任何地点都可以测得高精度的坐标，从实际上统一了全国坐标系。

可以预见超站仪将在以下方面发挥越来越重要的作用：

① 地形测量、地籍测量、城乡土地规划测量。

② 江、河、湖、海水域地形测量。

③ 地质、物探、资源、灾害调查等测量。

④ 若采用传统静态定位作业模式，可用于各等级控制测量。

⑤ 交通、车辆、安全、旅游等与地理信息有关的管理系统工程等。

（3）在未来的数字化测图中，将淡化比例尺的概念。

地图比例尺是指地图上某线段的长度与实地相对应线段的水平长度之比。它是地图上重要的数学要素之一，决定着实地的地理目标转变为地形图上的符号的形状及大小，标志着地图对地面的缩小程度，直接影响着地图内容表示的可能性，即选取化简和概括地图内容的细致程度。

由于一定幅面内地形符号的负载及表现能力的局限，传统平板测图不得不分为各种比例尺，而在各种比例尺的地图中，不光细致程度不同，精度也不同，相互间很难转换，需要不同比例尺的地形图时，就需要重复测绘。

数字化测图虽然也分比例尺，但它主要是用来定义地图输出时点状符号的大小及线状符号的间隔、宽窄等，即为输出传统的纸质地图定义的，而输出纸质地图并不是数字化测图的最终目的；数字化测图的使用主要是在计算机上进行的，比例尺的换算也是计算机自动完成的，精度也因计算机具有无级缩放显示的功能，而不受图形缩放的影响。所以除点状字符及部分线状符号的大小定义不同外，不同比例尺的数字地图间的差异仅仅是取决于细致程度的不同，而与精度无关。这是数字测图有别于平板测图的一大优点。

而在具体的测绘工作中，由于立镜作业人员的行走路线相当，多测一部分碎部点，实际的工作量相差并不大，所以在进行数字化地形测绘中应一次性考虑到各种用途的需要，而按大比例尺的技术要求进行测绘。在输出时也因测图软件一般都具有比例尺的转换功能，能很容易地得到各种比例尺的地形图。随着经济建设的发展，地形、地貌的变化很快，地形图很快就失去了现势性，同时数字化地图又是采用不同的地物、地形类别进行分层存储的，具有无级缩放显示的功能；地图符号负载量限制相对较小，测量数据可反复利用，精度与比例尺无关，可以非常方便地对普通地图的内容进行任意形式的要素组合、拼接，形成新的地图；对数字地图进行任意比例尺、任意范围的绘图输出，缩短成图时间，方便与卫星影像、航空照片等其他信息源结合，生成新的图种，利用数字地图记录的信息，派生出新的数据，这些特性使得比例尺的概念可以淡化。用图单位只要根据实际的用途需要，提出具体的测绘内容即可，不必再刻意关注地形图比例尺的大小。而测绘单位也可不再根据测量规范严格按比例尺限定测绘内容，避免耗费不必要的人力、物力，也避免了地图存在周期短等问题。这对于提高作业效率、节省经费很有实际意义。

（4）数字测图技术作为地理信息系统（GIS）前端数据采集的重要手段，将不断向自动化、智能化、集成化的方向发展和完善。

人类正迈向信息社会，作为信息产业重要组成部分的地理信息产业有了蓬勃发展。近几年，我国城市地理信息系统建设的势头迅猛，地理信息产业的年产值已达数千亿。而 GIS 的建立完善和发展离不开数据更离不开数据的更新。没有数据，GIS 不可能建立；而有了数据，若不能及时地更新，GIS 就会失去生命力。数字地（形）图的测绘及更新是建立和更新 GIS 最基础、工作量最大的工作。

随着地理信息系统的不断发展，GIS 的空间分析功能将不断增强和完善。作为 GIS 的前端数据采集重要手段之一的数字测图技术，必须更好地满足 GIS 对基础地理信息的要求。在 GIS 中，地形图已不再是简单的点、线、面的组合，而应是空间数据与属性数据的集合。野外数据采集时，不仅仅要采集空间数据，同时还必须采集相应的属性数据。

目前在生产中所用的各种数字测图系统，大多只是简单的地形、地籍成图软件，很难作为一种完善的 GIS 数据前端采集系统，这造成了前期数据采集与后期 GIS 系统构建工作的脱节，使 GIS 构建工作复杂化。因此，规范化的数字测图系统（包括科学的编码体系、标准的数据格式、统一的分层标准和完善的数据转换、交换功能）将会受到作业单位的普遍重视。

大比例尺数字测图的需求指引发展，测图系统及测绘仪器的集成是必然趋势。GNSS 和全站仪相结合的新型全站仪（超站仪）已被用于多种测量工作。近几年，又出现了视频全站仪和三维激光扫描仪等快速数据采集设备，使快速测绘数字景观图成为可能。视频全站仪是通过在全站仪上按照数字摄影的方法，在对被测目标进行摄影的同时，调整相机的摄影姿态，再经过计算机对数字影像进行处理，得到数字地形图或数字景观图；利用三维激光扫描仪（如徕卡 HDS 系列三维激光扫描仪和 Cyrax 三维激光扫描测量系统），通过空中或地面激光扫描获取高精度地表及构筑物的三维坐标，经过计算机实时或事后对三维坐标及几何关系的处理，得到数字地形图或数字景观。这种快速测绘数字景观的成图模式极有可能成为今后建立数字城市、进行各种立体建模等工作的主要手段。届时测量工作只需携带一台新型全站仪（或三维激光扫描仪）和一个三脚架，而操作员也只需一人即可。

当前，在各类土木工程建设中，BIM（建筑信息模型）技术得到飞速发展。BIM 不是简单地将数字信息进行集成，而是一种数字信息的应用，是一种可用于设计、建造、管理的数字化方法。这种方法与持建筑工程的集成管理环境，可以使建筑工程在其整个进程中显著提高效率、大量减少风险。因此，传统的大比例尺测图方法，必然要经历一场不可避免的革命性变化，变革最基本的目标就是数字化、自动化（智能化）和集成化。

三、数字测图、广义的数字测图及狭义的数字测图

1. 数字测图 (Digital Surveying and Mapping, DSM)

那么到底什么是数字测图呢？数字化测图是近些年随着电子技术、计算机技术、地面测量仪器、数字化测图软件的应用而迅速发展起来的一种全新的机助测图方式。它是以全站仪、RTK 及其他电子数据终端构成的数据采集系统与计算机辅助制图系统相结合，形成的一套从野外数据采集到内业制图全过程数字化和自动化的测量制图系统和方法，其成果是数字地形图。通常把这种测图方式称为数字化测图，简称数字测图。

数字化测图实质上是一种全解析计算机辅助测图的方法，它使得地形测量成果不再仅仅是绘制在纸上的地形图，而是以计算机存储介质为载体的，可供计算机传输、处理、多用户共享的数字地形信息。数字地形信息以存储与传输方便、精度与比例尺无关、不存在变形及损耗，能方便、及时地进行局部修测更新，便于保持地形图现势性等巨大优势，极大地提高了地形测量资料的应用范围，在各经济建设部门中发挥出了重要作用。数字地形信息作为地理空间数据的基本信息之一，已成为地理信息系统的重要组成部分。另外，利用数字地图还可生成电子地图和数字地面模型（DTM），实现对客观世界的三维描述。可以说，数字化测图的出现，是地形测量理论与实践革命性进步的标志。

数字测图可从广义和狭义两方面来进行理解。

2. 广义的数字测图

广义地讲，凡是制作以数字形式表示地图的方法和过程就是数字测图，包括：全野外数字化测图（也叫地面数字测图）、地图数字化成图、数字摄影测量和遥感数字测图。

3. 狭义的数字测图

狭义的数字测图专指全野外数字化测图，一般意义上的数字测图指的就是狭义的数字测图。本书主要介绍全野外数字化测图。

四、数字地图及电子地图

1. 数字地图 (Digital Map)

数字地图是数字测图的成果，是在磁盘、磁带、光盘等介质上以数字形式存贮全部地形信息的地图，是用数字形式描述地形要素的属性、定位和关系信息的数据集合。从本质上来说数字地图是存储在具有存取性能的介质上的关联数据文件。

数字地图是纸制地图的数字存在和数字表现形式，是在一定坐标系统内具有确定的坐标

和属性的地面要素和现象的离散数据，在计算机可识别的可存储介质上概括的、有序的集合；某种意义上也可以说，数字地图是以地图数据库为基础，以数字形式存储在计算机外储存器上，可以在电子屏幕上显示的地图。

2. 电子地图（Electronic map）

将绘制地形图的全部信息存储在设计好的数据库中，经绘图软件处理可在屏幕上将需要的地形图显示出来，用这种方式来阅读的地图称为电子地图。

电子地图的优点是直接在屏幕上阅读，利用计算机技术可将地形图放大或缩小，用漫游功能可阅读任意区域的内容且不受图幅边界的限制。

3. 数字地图与电子地图的关系

在电子绘图系统的支持下，将"数字地图"视觉化后就成为"电子地图"，通过打印机或者绘图仪视觉化，则"电子地图"就成为传统的"模拟地图"。可以说数字地图是电子地图的基础，而电子地图是数字地图的外在表象。

任务二　数字测图基本思路和基本原理

任务描述： 了解数字测图的基本思路和基本原理。

一、数字测图基本思路

白纸测图的实质是将测得的观测值（数据）用图解的方法转化为图形。这一转化过程几乎都是在野外实现的，即使是地形图的室内整饰，一般也要在观测区驻地完成，因此劳动强度较大。另外，在转化过程中还会使测得的数据的精度大幅度降低，当前，建设日新月异、信息量剧增，纸质图已难以承载诸多图形信息，另外其修改、变更也极不方便，实在难以适应当前经济建设的需要。

数字测图则可以实现丰富的地形信息和地理信息数字化和作业过程的自动化或半自动化，极大地缩短野外测图时间，减轻野外劳动强度，将大部分作业内容安排到室内完成。与此同时，将大量手工作业（如记录、计算、展点及绘制等高线等）转化为计算机控制下的机助操作，不仅减轻了劳动强度，而且还可以保障测量的精度。

数字测图的基本思路就是将采集的各种有关的地物和地貌信息（模拟量）转化为数字形式，通过数据接口传输给计算机进行处理，从而得到内容丰富的数字地图，还可根据需要由计算机的图形输出设备（如显示器、绘图仪）绘出地形图或各种专题地图。将模拟量转化为数字形式这一过程通常称为数据采集。目前数据采集方法主要有野外（地面）数据采集、航测（遥感）数据采集、地图数字化法采集。

二、数字测图基本原理

数字测图的基本原理、过程如图 1.4 所示。

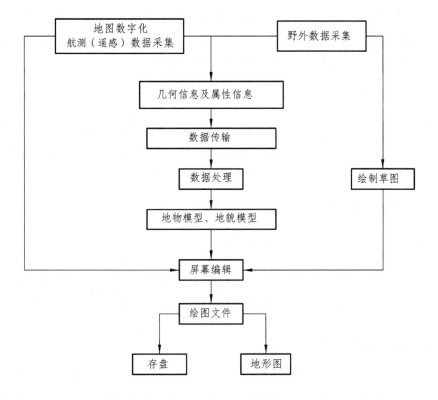

图 1.4　数字测图的基本原理及过程

任务三　数字测图优越性

任务描述：认识到数字测图之所以能取代传统的大比例尺白纸测图，是因为数字测图具有诸多纸质图所不具有的优点。

一、点位精度高

传统的经纬仪配合平板、量角器的图解测图方法，其地物点的平面位置误差主要受控制点的展绘误差和测定误差、测定地物点的视距误差和方向误差、地形图上地物点的刺点误差等影响。实际的图上误差可达±0.47 mm。经纬仪视距法测定地形点高程时，即使在较平坦地区（0° ~ 6°）视距为 150 m，地形点高程测定误差也达±0.06 mm，而且随着倾斜角的增大高程测定误差会急剧增加。如在 1：500 的地籍测量中测绘房屋，要用皮尺或钢尺量距，用坐标法展点。红外测距仪和电子速测仪普及之后，虽然测距和测角的精度大大提高，但是这在沿用白纸测图的方法绘制的地形图中却体现不出来。也就是说，只要图解地形图的精度变化不大，测图的精度是无法提高的。这就是白纸测图的致命弱点。而数字化测图则不同，测定地物点的误差在距离 450 m 内约为±22 mm，测定地形点的高程误差在 450 m 内约为±21 mm。若距离在 300 m 以内时测定地物点误差约为±15 mm，测定地形点高差约为±18 mm。全站仪和 RTK 等仪器的测量数据作为绘图信息可以自动传输、记录、存储、处理和成图。在全过程中，原始数据的精度毫无损失，从而获得高精度（与仪器测量同精度）的测量成果。数字地形图最好地反映了外业测量的高精度，也最好地体现了仪器发展更新、精度提高等高科技进步的价值。

二、测图、用图自动化

数字测图可以实现野外测量自动记录、自动解算、内业数据自动处理、自动成图、自动绘图，并向用图者提供可处理的数字地形图数据，用户可自动提取图数信息。其作业效率高，劳动强度小，出错概率小，绘制的地形图精确、美观、规范。

三、改进了作业方式

传统的作业方式主要是通过手工操作，外业人工记录、人工绘制地形图，并且在图上人工量算坐标、距离和面积等。数字测图则使野外测量达到自动记录、自动解算处理、自动成图，并且提供了方便使用的数字地图数据。数字测图自动化的程度高，出错（读错、记错、展错）的概率小，能自动提取坐标、距离、方位和面积等。绘图的地形图精确、规范、美观。

四、便于图件成果更新

城镇的发展加速了城镇建筑物和结构的变化，采用地面数字测图能克服大比例尺白纸测图更新缓慢，烦琐的弊端。数字测图的成果是以点的定位信息和绘图信息存入计算机，实地房屋的改建、扩建，变更地籍或房产时，只需输入变化信息的坐标、代码，经过数据处理就能方便地做到更新和修改，始终保持图面整体的可靠性和现实性，数字测图可谓"以逸待劳"。

五、避免因图纸伸缩带来误差

图纸上的地图信息随着时间的推移，会因图纸产生变形而产生误差。数字测图的成果以数字信息保存，能够使测图用图的精度保持一致，精度无一点损失，避免了对图纸的依赖性。

六、能以各种形式输出成果

计算机与显示器、打印机联机时，可以显示或打印各种需要的资料信息。与绘图仪联机，可以绘制出各种比例尺的地形图、专题图，以满足不同用户的需要。

七、便于成果深加工利用

由于数字地形图是分层存放地理信息的，理论上来说可无限制存放绘图信息，不受图面负载量的限制，从而便于成果的深加工利用，拓宽测绘工作的服务面，开拓市场。比如 CASS 软件预设了 26 个层（用户还可根据需要定义新层），房屋、电力线、铁路、植被、道路、水系、地貌等均存于不同的层中，通过关闭层、打开层等操作来提取相关信息，便可方便地得到所需的测区内各类专题图、综合图，如路网图、电网图、管线图、地形图等。又如在数字地籍图的基础上，可以综合相关内容补充加工成不同用户所需要的城市规划用图、城市建设用图、房地产图以及各种管理的用图和工程用图。

八、作为 GIS 重要信息源

地理信息系统（GIS）具有方便的信息查询检索功能、空间分析功能以及辅助决策功能。在国民经济、办公自动化及人们日常生活中都有广泛的应用。然而，要建立一个 GIS，花在数据采集上的时间和精力约占整个工作的 80%。GIS 要发挥辅助决策的功能，需要现势性强的地理信息资料。数字测图能提供现势性强的地理基础信息。经过一定的格式转换，其成果即可直接进入 GIS 的数据库，并更新 GIS 的数据库。一个好的数字测图系统应该是 GIS 的一个子系统。

任务四　数字测图系统

任务描述：了解数字测图系统的构成。

数字测图是通过数字测图系统实现的。

数字测图系统是以计算机及软件为核心，在外接输入、输出设备的支持下，对地形空间数据进行采集、输入、成图、绘图、输出、管理的测绘系统。主要由数据采集、数据处理和数据输出 3 部分组成，如图 1.5 所示。

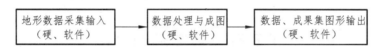

图 1.5　数字测图系统框架图

一、数字测图系统硬件设备

数字测图系统的硬件设备主要包括数据采集设备、数据处理和输出设备，如图 1.6 所示。

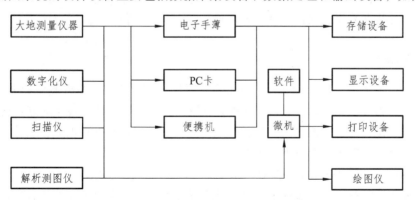

图 1.6　数字测图系统的硬件配置

数据采集设备包括外业数据采集设备和内业数据采集设备。当前外业采集设备主要包括全站仪、GNSS-RTK 等测量仪器；内业数据采集设备主要包括数字化仪、扫描仪及解析测图仪等；数据处理设备主要为各种品牌的微机、便携机等；数据输出设备主要包括存储设备（硬盘、光盘和优盘等）、显示设备（投影仪、显示器等）、打印设备（打印机、复印件等）和绘图仪。

13

二、数字测图系统软件系统

数字测图的软件系统由系统软件和专业成图软件构成。系统软件是以管理计算机和便于用户使用计算机为目的那部分软件，是扩充计算机功能、合理调度计算机资源、为应用软件创造良好运行环境的软件。它有两个重要特点：一是共用性，任何计算机应用领域或计算机用户都要使用系统软件；二是基础性，应用软件要用它们来编写和实现，并要在它们的支持下运行。计算机系统软件主要有两类：一类是负责人们与计算机之间的通信，如高级语言的编译程序、数据库管理系统及各种工具软件等；另一类是负责组织计算机的活动，以完成用户交给的任务如操作系统等。

除系统软件以外的其他软件都可称为应用软件。应用软件是处理某种专门类型的数据或实现特定功能的程序，如计算机语言处理程序、文字编辑程序、数值计算程序、工资管理软件、数字化绘图软件等。其中数字化测图软件是数字测图系统必须具备的。

目前在测绘市场上使用最广泛的数字测图软件主要有四种：一是以清华山维公司与清华大学土木系联合开发的测霸EPSW（Electronic Planetable Surveying and Mapping System for Windows）系列；二是武汉瑞得测绘自动化公司的RDMS系列；三是广州南方测绘仪器公司CASS系列；四是广州开思公司的SCS系列。本书将重点对广州南方测绘仪器公司CASS系列软件进行说明。

任务五　数字测图过程

任务描述：掌握数字测图的过程。

数字测图的作业过程根据使用的设备和软件、数据源及图形输出目的的不同而有所区别，但无论是测绘地形图、地籍图，还是制作种类繁多的专题图、行业管理用图，只要是采用数字测图，都包括数据采集、数据处理、图形输出三个基本过程。

一、数据采集

一般而言，地形图、航片和卫片、图形数据或影像统计资料，野外测量数据或地理调查资料等都可以作为数字测图的信息源，这些数据资料可以通过键盘或转储的方式输入计算机，而一些图形和图像资料则要通过图、数转换成计算机能够识别和处理的数据后才可以使用。

目前我国数据采集主要有以下几种方法：

（1）GNSS法，即通过GNSS接收机采集野外碎部点的信息数据。

（2）大地测量仪器法，即通过全站仪、测距仪等大地测量仪器实现碎部点野外数据采集。

（3）航测及遥感法，即通过航空摄影测量和遥感手段采集地形点的信息数据。

（4）数字化仪法，即通过数字化仪在已有地图上采集信息数据。

前两者是野外采集数据，后两者是室内采集数据。

野外数据采集是通过全站仪或GNSS接收机实地测定地形点的平面位置和高程，自动存储在仪器内存或电子手簿中，再传输到计算机。若野外使用便携机，可直接将点位信息存储在便携机中。得到的每个地形点的记录内容包括点号、平面坐标、高程、属性编码和与其他点的连接关系等。其中点号通常是按测量顺序自动生成的，也可以按需要现场编辑；而平面坐标和高程是由全站仪或 GNSS-RTK 接收机自动解算的。属性编码的作用在于指示该点的性质。目前在野外通常只输入编码或不输入编码，直接用草图等形式形象记录碎部点的属性信息，内业则可用多种手段输入属性编码。点与点之间的连接关系通常采用绘草图或在便携机上边测边绘来确定。当前全站仪与 GNSS 接收机的测量精度比较高，很容易达到 cm 级的精度，所以全野外数字测图（地面数字测图）已成为城镇大比例尺（尤其是 1∶500）测图中主要的测图方法。

对于已有纸质地形图的地区，如纸质地形图现势性较好，图面表示清晰、正确，图纸变形小，数据采集则可在室内通过数字化仪和扫描仪，在相应地图数字化软件的支持下进行。早期采用数字化仪进行数字化，得到的数字地图精度低于原图，作业效率也低，这种数字化法目前已被扫描数字化法所取代。扫描数字化法是先用扫描仪扫描得到栅格数据，再用扫描矢量化软件将栅格图形转换成矢量图形。扫描矢量化作业模式不仅速度快（扫描并进行预处理一幅图不过几分钟）、劳动强度小、而且精度几乎没有损失。该方法目前已经成为地图数字化的主要方法，它适用于各种比例尺地形图的数字化，对大批量、复杂度高的地形图更具有明显的优势。

航测法以航空摄影获取的航空像片作为数据源，利用测区的航空摄影测量获得的立体像对，在解析绘图仪上，或在经过改装的立体量测仪上采集地形特征点，并自动转换成数字信息。受精度的限制，该法已逐渐为全数字摄影测量系统所取代。基于影像数字化仪、计算机、数字摄影测量软件和输出设备构成的数字摄影测量工作站是摄影测量、计算机立体视觉影像理解和图像识别等学科的综合成果，计算机不但能完成大多数摄影测量工作，而且其借助了模式识别理论，实现了自动或半自动识别，从而大大提高了摄影测量的自动化程度。

全数字摄影测量系统作业过程大致为：将影像扫描数字化，利用立体观测系统观测立体模型（计算机视觉），再利用系统提供的一系列量测功能——扫描数据处理、测量数据管理、数字定向、立体显示、地物采集、自动提取 DTM、自动生成正射影像等，使量测过程自动化。

VirtuoZo 全数字摄影测量系统（由原武汉测绘大学推出）是当前国内使用较为广泛的数字摄影系统，已被很多测绘单位采用，并在不断地推广和普及。

二、数据处理

数据处理阶段是指在数据采集以后到图形输出之前对图形数据的各种处理。数据处理主要包括数据传输、数据预处理、数据转换、数据计算、图形生成、图形编辑与整饰、图幅接边、图形信息的管理与应用等。

数据传输指将全站仪、RTK 及各种电子手簿中的数据传输至计算机。

数据预处理包括坐标变换，各种数据资料的匹配、比例尺的统一等。

数据转换包括的内容则很多，如将碎部点记录数据文件转换为坐标数据文件；带简码的数据文件或无码数据文件转换为带绘图编码的数据文件，供自动绘图使用；将 AutoCAD 的图形数据文件转换为 GIS 的交换文件等。

数据计算主要是针对地貌关系而言。当数据输入计算机后，为建立数字地面模型绘制等高线，需要进行插值模型建立、插值计算、等高线光滑处理三个过程的工作，数据计算还包括对房屋类呈直角拐弯的地物进行误差调整，消除非直角化误差等。

　　数据处理通过计算机软件实现。经过数据处理后，可产生平面图形数据文件和数字地面模型文件。欲得到规范的地形图，还要对数据处理后生成的初始图形进行修改、编辑、整理，加上文字注记、高程注记等，并填充各种面状地物符号，还要进行图幅整饰、图幅接边、图形信息的管理等工作，所有这些工作都属于数据处理。

　　数据处理是数字测图的关键阶段，同时数据处理功能的强弱也是判断数字测图系统的优劣的重要依据。

三、图形输出

　　图形数据经过处理以后，形成数字地图，也就是形成了一个图形文件。将其存储在磁盘或光量上，可永久保存。根据不同需要还可以将该数字地图转换成地理信息系统的图形数据，用于建立和更新 GIS 图形数据库；也可以将数字地图打印输出成纸质地图。通过对图层的控制，可以编制和输出各种专题地图（包括平面图、地籍图、地形图、管网图、带状图、规划图等），以满足不同用户的需要。也可采用矢量绘图仪、图形显示器、缩微系统等绘制或显示数字地图。

任务六　全野外数字测图常见作业模式

　　任务描述：掌握全野外数字测图的常见的几种作业模式。

　　由于使用的硬件设备不同，软件设计者的思路不同，数字测图有不同的作业模式。就目前全野外数字测图而言，可分为两种不同的作业模式：数字测记模式（简称测记式）和电子平板测绘模式（简称电子平板）。

一、数字测记模式

　　数字测记模式是一种野外数据采集、室内成图的作业方法。根据野外数据采集硬件设备的不同，可进一步将其分为全站仪数字测记模式和 GNSS-RTK 数字测记模式。

　　全站仪数字测记模式是目前最常见的测记式数字测图作业模式，为大多数软件所支持。该模式是用全站仪实地测定地形点的三维坐标。并用内存储器（或电子手簿）自动记录观测数据，然后将采集的数据传输给计算机，由人工编辑成图或自动成图。采用全站仪时，由于测站和镜站的距离可能较远（或通视条件不好），测站上很难看到所测点的属性和与其他点的连接关系，通常使用对讲机保持测站与镜站之间的联系，以保证测点编码（简码）输入的正确性，或者在镜站手工绘制草图并记录测点属性、点号及其连接关系，供内业绘图使用。

　　GNSS-RTK 数字测记模式是采用 GNSS-RTK 实时动态定位技术，实地测定地形点的三维坐标，并自动记录定位信息。采集数据的同时，在移动站输入编码、绘制草图或记录绘图信息，供内业绘图使用。目前，移动站的设备已高度集成，接收机、天线、电池与对中杆集于一体，重量仅几千克，使用和挟带很方便。使用 GNSS-RTK 采集数据的最大优势是不需要像全站仪那样要求测站和碎部点之间通视，只要接收机与空中的卫星通视即可，且移动站与基

16

准站的距离在 20 km 以内可以达到厘米级的精度(如果采用网络传输数据则不受距离的限制)。实践证明，在非居民区、地表植被较矮小或稀疏区域的地形测量中，用 GNSS-RTK 比全站仪采集数据效率更高。

二、电子平板测绘模式

电子平板测绘模式就是"全站仪+便携机+相应测绘软件"实施的外业测图模式。 这种模式用便携机（笔记本电脑）的屏幕模拟测板在野外直接测图，即把全站仪测定的碎部点实时地展绘在便携机屏幕上，用软件的绘图功能边测边绘。这种模式在现场就可以完成绝大多数测图工作，实现数据采集、数据处理、图形编辑现场同步完成，外业所测即所见，外业工作完成了，图也就绘制出来了，实现了内外业一体化。但该方法存在对设备要求较高、便携机难以很好地适应各种复杂的野外环境（如供电时间短、液晶屏幕光强看不清等）等缺陷。目前主要用于交通便捷、地形复杂的城镇地区的测图工作。

电子平板测绘模式按照便携机所处位置，分为测站电子平板和镜站遥控电子平板两种。测站电子平板是将装有测图软件的便携机直接与全站仪连接，在测站上实时地展点，观察测站周围的地形，用软件的绘图功能边测边绘。这样可以及时通信，测绘效率较高，速度较快。不足之处是测站电子平板受视野所限，对碎部点的属性和碎部点之间的连接关系不易判断准确。而镜站遥控电子平板是将便携机放在镜站，使手持便携机的作业员在跑点现场指挥立镜员跑点，并发出指令遥控驱动全站仪观测（自动跟踪或人工照准），观测结果通过无线传输到便携机，并在屏幕上自动展点。电子平板在镜站现场能够"走到、看到、绘到"，不易漏测，便于提高成图质量。

针对目前电子平板测图模式的不足，许多公司研制开发掌上电子平板测图系统。 用基于 Windows CE 或 Android 系统的 PDA（掌上电脑）取代便携机。PDA 的优点是体积小、重量轻、待机时间长，它的出现，使电子平板作业模式更加方便、实用。

【思考题】

1. 什么是数字测图？其基本成图过程是怎样的？
2. 数字测图系统可以分为几种？简述其测图思想。
3. 数字测图有哪些优点？
4. 数字测图有哪几种作业模式？各自的特点是什么？
5. 数字测图的硬件设备有哪些？其作用分别是什么？

学习情境二　大比例尺数字地形图测绘

【知识目标】

了解编写数字测图的技术设计的背景；理解数字测图技术设计的内容；理解图根控制测量的重要性；理解数据采集、编辑和处理、质量控制的步骤及技术要求。

【能力目标】

掌握数字测图的技术设计，图根控制测量，数据采集、编辑和处理，质量控制和检查验收等全过程的步骤、方法和技术要求。

任务一　编制数字测图技术设计书

任务描述：根据任务书和测区实际情况编制数字测图技术设计书。

一、测绘技术设计必要性

根据《中华人民共和国招投标法》第一章第三条的规定：

在中华人民共和国境内进行下列工程建设项目，包括项目的勘察、设计、施工、监理以及与工程建设有关的重要设备、材料等的采购，必须进行招标：

（1）大型基础设施、公用事业等关系社会公共利益、公众安全的项目；

（2）全部或者部分使用国有资金投资或者国家融资的项目；

（3）使用国际组织或者外国政府贷款、援助资金的项目。

一般而言，建设项目招标和规模标准规定，满足以下条件之一的必须进行招标：

（1）施工单项合同估算价在 200 万元人民币以上的；

（2）重要设备、材料等货物的采购，单项合同估算总价在 100 万元人民币以上的；

（3）勘察设计、监理等服务的采购单项合同估算价在 50 万元人民币以上的；

（4）单项合同估算价低于上述 3 项规定的标准，但项目总投资额在 3 000 万元人民币以上的。

进行招投标的项目通常都要求进行技术设计，测绘项目属于勘察设计项目的范畴，因此也需要进行招投标和技术设计。

更多的小型测绘项目（或测绘活动）可能没有进行招投标，但是通常有相应的任务书（上级下达）或商业合同书。为规范项目主体的行为、保证测绘成果的精度满足相关规范、规程的要求，也需要进行技术设计。

二、测绘技术设计定义

根据《测绘技术设计规定》（CH/T 1004—2005）定义，所谓测绘技术设计是将顾客或社会对测绘成果的要求（即明示的、通常隐含的或必须履行的需求或期望）转换为测绘成果（或产品）、测绘生产过程或测绘生产体系规定的特性或规范的一组过程。

三、技术设计分类

测绘技术设计分为项目设计和专业技术设计。

项目设计是对测绘项目进行的综合性整体设计。专业技术设计是对测绘专业活动的技术要求进行设计。它是在项目设计基础上，按照测绘活动内容进行的具体设计，是指导测绘生产的主要技术依据。对于工作量较小的项目，可根据需要将项目设计和专业技术设计合并为项目设计。

数字测图的技术设计属于专业技术设计，详细内容见本书其他部分。

四、技术设计目的

进行测绘技术设计的目的是制定切实可行的技术方案，保证测绘成果符合技术标准和用户要求，并获得最佳的经济效益和社会效益。

因此，每个测绘项目作业前都应该进行技术设计。

五、技术设计主要过程

技术设计的主要过程主要包括：设计策划、设计输入、设计输出、设计评审、验证（必要时）、审批和更改（必要时）。

1．设计策划

设计策划指对技术设计各阶段的人员、内容、时间等的计划安排。设计策划的内容包括：

（1）设计的主要阶段，即设计的时间安排。

（2）设计审评、验证（必要时）和审批活动的安排，即设计人员分工的安排。

（3）设计过程中职责和权限的规定，即设计过程中的人员责权的划分。

（4）各设计小组之间的接口，即组织安排。

2．设计输入

设计输入是指设计的依据。编写技术设计文件前，应首先确定设计输入。

测绘技术设计输入应根据具体的测绘任务、测绘专业活动而定。通常情况下，测绘技术设计输入包括：

（1）使用的法律、法规要求。

（2）适用的国际、国家或行业技术标准。

（3）对测绘成果（或产品）功能和性能方面的要求，主要包括测绘任务书或合同的有关要求，顾客书面要求或口头要求的记录，市场的需求或期望。

（4）顾客提供的或本单位收集的测区信息、测绘成果（或产品）资料及踏勘报告等。

（5）以往测绘技术设计、测绘技术总结提供的信息以及现有生产过程和成果（或产品）的质量记录和有关数据。

（6）测绘技术设计必须满足的其他要求。

3. 设计输出

测绘技术设计输出实为设计的成果，主要包括项目设计书、专业技术设计书以及相应的技术设计更改单。

在编写设计书时，当用文字不能清楚、形象地表达其内容和要求时，应增加设计附图。设计附图应在相应的项目设计书和专业技术设计书附录中列出。

4. 设计评审

设计评审是在技术设计的适当阶段，依据设计策划的安排对技术设计文件进行审评，以确保达到规定的设计目标。

设计评审应确定评审依据、评审目的、评审内容、评审方式以及评审人员等，其主要内容和要求如下：

（1）评审依据：设计输入的内容。

（2）评审目的：

① 评价技术设计文件满足要求（主要是设计输入要求）的能力；

② 识别问题并提出必要的措施。

（3）评审内容：送审的技术设计文件或设计更改内容及其有关说明。

（4）依据评审的具体内容确定评审的方式，包括传递评审、会议评审以及有关负责人审核等。

（5）参加评审人员：评审负责人、与所评审的设计阶段有关的职能部门的代表，必要时邀请的有关专家等。

5. 设计验证（必要时）

为确保技术设计文件满足输入的要求，应依据设计策划的安排，必要时对技术设计文件进行验证。设计验证的方法如下：

根据技术设计文件的具体内容，设计验证的方法可选用：

（1）将设计输入要求和（或）相应的评审报告与其对应的输出进行比较校检。

（2）试验、模拟或试用，根据其结果验证符合其输入的要求。

（3）对照类似的测绘成果（或产品）进行验证。

（4）变换方法进行验证，如采取可替换的计算方法等。

（5）其他适用的验证方法。

设计方案采用新技术、新方法和新工艺时，应对技术设计文件进行验证。验证宜采用试验、模拟或试用等方法，根据其结果验证技术设计文件是否符合规定要求。

6. 设计审批

为确保测绘成果（或产品）满足规定的使用要求或已知的预期用途的要求，应依据设计策划的安排对技术设计文件进行审批。

设计审批的依据主要包括设计输入内容、设计评审和验证报告等。

设计审批方法：

（1）技术设计文件报批之前，承担测绘任务的法人单位必须对其进行全面审核，并在技术设计文件和（或）产品样品上签署意见并签章。

（2）技术设计文件经审核签字后，一式二至四份报测绘任务的委托单位审批。

7. 设计更改（必要时）

技术设计文件一经批准，不得随意更改。当确实需要更改或补充有关的技术规定时，应按照相关规定对更改或补充内容进行评审、验证和审批后，方可实施。

六、技术设计主要依据

（1）上级下达的任务文件或合同书；

（2）有关的法律、法规、政策，国家及行业技术标准；

（3）有关测绘产品的生产定额、成本定额和装备标准等。

七、技术设计原则

（1）技术设计应依据技术输入内容，充分考虑顾客的要求，引用适用的国家、行业或地方的相关标准，重视社会效益和经济效益。

（2）技术设计方案应先考虑整体而后局部，且顾及发展；要根据作业区实际情况，考虑作业单位的资源条件（如人员的技术能力和软、硬件配置情况等），挖掘潜力，选择最适用的方案。

（3）积极采用适用的新技术、新方法和新工艺。

（4）认真分析和充分利用已有的测绘成果（或产品）和资料；对于外业测量，必要时应进行实地勘察，并编写踏勘报告。

八、技术设计要求

（1）内容明确，文字简练，对标准或规范中已有明确规定的，一般可直接引用，并根据引用内容的具体情况，明确所引用标准或规范名称、日期以及引用的章、条编号，且应在引用文件中列出；对已作业生产中容易混淆和忽视的问题，应重点描述。

（2）名词、术语、公式、符号、代号和计量单位等应与有关法规和标准一致。

九、技术设计内容

（一）项目设计书内容

1. 概 述

说明项目来源、内容和目标、作业区范围和行政隶属、任务量、完成期限、项目承担单位和成果（或产品）接受单位等。

2. 作业区自然地理概况和已有资料情况

1）作业区自然地理概况

根据测绘项目的具体内容和特点，根据需要说明与测绘作业有关的作业区自然地理概况，内容可包括：

（1）作业区的地形概况、地貌特征：居民地、道路、水系、植被等要素的分布与主要特征，地形类别、困难类别、海拔高度、相对高差等。

（2）作业区的气候情况：气候特征、风雨季节等。

（3）其他需要说明的作业区情况等。

2. 已有资料情况

说明已有资料的数量、形式、主要质量情况（包括已有资料的主要技术指标和规格等）和评价；说明已有资料利用的可能性和利用方案等。

3. 引用文件

说明项目设计书编写过程中所引用的标准、规范或其他技术文件。文件一经引用，便构成项目设计书设计内容的一部分。

4. 成果（或产品）主要技术指标和规格

说明成果（或产品）的种类及形式、坐标系统、高程基准，比例尺、分带、投影方法，分幅编号及其空间单元，数据基本内容、数据格式、数据精度以及其他技术指标等。

5. 设计方案

1）软件和硬件配置要求

规定测绘生产过程中的硬、软件配置要求，主要包括：

（1）硬件：规定对生产过程所需的主要测绘仪器、数据处理设备、数据传输网络等设备的要求；其他硬件配置方面的要求（如对于外业测绘，可根据作业区的具体情况，规定对生产所需的主要交通工具、主要物资、通信联络设备以及其他必需的装备等要求）。

（2）软件：规定对生产过程中主要应用软件的要求。

2）技术路线及工艺流程

说明项目实施的主要生产过程和这些过程之间输入、输出的接口关系。必要时，应用流程图或其他形式清晰、准确的规定出生产作业的主要过程和接口关系。

3）技术规定

主要内容包括：

（1）规定各项专业活动的主要过程、作业方法和技术、质量要求。

（2）特殊的技术要求，采用新技术、新方法、新工艺的依据和技术要求。

4）上交和归档成果（或产品）内容及其资料内容和要求

分别规定上交和归档的成果（或产品）内容、要求和数量，以及有关文档资料的类型、数量等，主要包括：

（1）成果数据：规定数据内容、组织、格式，存储介质，包装形式和标志及其上交和归档的数量等。

（2）文档资料：规定需上交和归档的文档资料的类型（包括技术设计文件、技术总结、质量检查验收报告、必要的文档簿、作业过程中形成的重要记录等）和数量等。

5）质量保证措施和要求

内容主要包括：

（1）组织管理措施：规定项目实施的组织管理和主要人员的职责和权限。

（2）资源保证措施：对人员的技术能力或培养的要求；对软、硬件装备的需求等。

（3）质量控制措施：规定生产过程中的质量控制环节和产品质量检查、验收的主要要求。

（4）数据安全措施：规定数据安全和备份方面的要求。

6）进度安排和经费预算

（1）进度安排。应对以下内容做出规定：

a. 划分作业区的困难类别。

b. 根据设计方案，分别计算统计各工序的工作量。

c. 根据统计的工作量和计划投入的生产实力，参照有关生产定额，分别列出年度计划和各工序的衔接计划。

（2）经费预算。根据设计方案和进度安排，编制分年度（或分期）经费和总经费计划，并做出必要说明。

7）附录

其内容包括：

（1）需进一步说明的技术要求。

（2）有关的设计附图、附表。

（二）专业设计书内容

专业技术设计根据专业测绘活动的不同分为大地测量、摄影测量与遥感、野外地形数据采集及成图、地图制图与印刷、工程测量、界线测绘、基础地理信息数据建库等专业技术设计。

专业技术设计书的内容与项目技术设计接近，通常也包括概述、测区自然地理概况与已有资料情况、引用文件、成果（或产品）主要技术指标和规格、技术设计方案等部分。专业技术设计各部分内容编写一般要求如下：

1. 概　述

主要说明任务的来源、目的、任务量、作业范围和作业内容、行政隶属以及完成期限等任务基本情况。

2. 作业区自然地理概况与已有资料情况

1）作业区自然地理概况

应根据不同专业测绘任务的具体内容和特点，根据需要说明与测绘作业有关的作业区自然地理概况，内容可包括：

（1）作业区的地形概况、地貌特征：居民地、道路、水系、植被等要素的分布与主要特征，地形类别、困难类别、海拔高度、相对高差等。

（2）作业区的气候情况：气候特征、风雨季节等。

（3）测区需要说明的其他情况，如测区有关工程地质与水文地质的情况，以及测区经济发达状况等。

2）已有资料情况

主要说明已有资料的数量、形式、主要质量情况（包括已有资料的主要技术指标和规格等）和评价；说明已有资料利用的可能性和利用方案等。

3. 引用文件

说明专业技术设计书编写过程中所引用的标准、规范或其他技术文件。文件一经引用，便构成专业技术设计书设计内容的一部分。

4.成果（或产品）主要技术指标和规格

根据具体成果（或产品），规定其主要技术指标和规格，一般可包括成果（或产品）类型及形式、坐标系统、高程基准、重力基准、时间系统，比例尺、分带、投影方法，分幅编号及其空间单元，数据基本内容、数据格式、数据精度以及其他指标等。

5.设计方案

具体内容应根据各专业测绘活动的内容和特点确定。专业技术设计方案的内容一般包括以下几个方面：

（1）软、硬件环境及其要求：规定作业所需的测量仪器的类型、数量、精度指标以及对仪器校准或检定的要求，规定对作业所需的数据处理、存储与传输等设备的要求。

规定对专业应用软件的要求和其他软、硬件配置方面需特别规定的要求。

（2）作业的技术路线或流程。

（3）各工序的作业方法、技术指标和要求。

（4）生产过程中的质量控制环节和产品质量检查的主要要求。

（5）数据安全、备份或其他特殊的技术要求。

（6）上交和归档成果及其资料的内容和要求。

（7）有关附录，包括设计附图、附表和其他有关内容。

从性质上而言，数字化测图技术设计属于专业技术设计。

简言之，数字测图的技术设计，就是根据测图比例尺、测图面积和测图方法以及用图单位的具体要求，结合测区的自然地理条件和本单位的仪器设备、技术力量及资金等情况，运用测绘学的有关理论和方法，制定在技术上可行、经济上合理的技术方案，并编写成技术设计书。

数字测图的技术设计规范了整个数字测图工作过程。从硬件配置到数字化成图软件系统的选配，测量方案、测量方法及精度的确定，数据和图形文件的生成及计算机处理，直至各工序之间的密切配合、协调等，以及各类成果数据和图形文件符合规范、图示要求和用户的需要，每一步工作都应在数字测图技术设计的指导下进行。其包括的具体内容可参考专业技术设计。

数字测图技术设计书同样需呈报上级主管部门或测绘任务的委托单位审批，批准后的技术设计书是该测绘工程技术依据和成果文件之一。在测图工作实施过程中如要求对设计书的内容作原则性修改时，可由生产单位提出修改意见，报原审批单位批准后实施。

数字测图技术设计书的范文见附录一。

任务二　图根控制测量

任务描述：根据技术设计书和测区实际情况进行控制网的布设、施测及解算。

一、图根控制测量目的及任务

由于测区的大小不一，范围较大的测区通常在布设控制网时会按两级甚至多级布网，而通常首级控制网和加密控制网的点位密度是不能够满足大比例尺测图对测站点的要求的。图根控制测量是碎部测量之前的一个重要步骤，其主要任务就是布设足够密度的测站点。进行大比例尺数字测图时，平坦地区图根控制网的布网密度在满足精度要求的前提下，以够用为原则，可比传统手工成图法适当减少图根控制点的数量，具体要求可参考表2.1。

表2.1　数字测图平坦开阔地区图根控制点密度表

测图比例尺	1∶500	1∶1 000	1∶2 000
图根点密度/（点/km²）	64	16	4

一般地区如采用全站仪解析图根点时，不宜少于表2.2的要求。

表2.2　一般地区解析图根控制点密度表

测图比例尺	图幅规格	解析图根点数量/个	
测图比例尺		采用全站仪测图	采用RTK测图
1∶500	50 cm×50 cm	2	1
1∶1 000	50 cm×50 cm	3	1～2
1∶2 000	50 cm×50 cm	4	2
1∶5 000	40 cm×40 cm	6	3

对于城市建筑密集区、隐蔽地区，应以满足测图需要为原则，适当加大密度。

二、图根控制测量分类及方法

图根控制测量虽然也和首级控制网一样，分为图根平面控制测量和图根高程控制测量，但图根平面控制和图根高程可以分别施测，也可以同时进行。

目前，图根平面控制测量主要采用光电测距导线（网）或RTK两种方式为主；图根高程控制常和图根平面控制同时进行，即直接布设成全站仪三角高程导线（网），然后解算出导线点的坐标和三角高程，或者采用RTK的方式直接测定图根点的坐标和高程。

实际工作中，测量人员又总结了实现起来更加方便灵活的"一步测量法"和"辐射点法"。这些方法都可以直接测算出图根点的三维坐标，即这些方法可将图根平面控制测量和图根高程控制测量同时完成，既可保证图根控制测量的精度，同时也极大地提高了工作效率。

三、几种常用图根控制测量方法

以下简单介绍几种常用图根控制测量方法，如全站仪三角高程导线测量、一步测量法、辐射点法及RTK测量的操作步骤。其中有些步骤和要求是通用的，如图根点的埋设。

图根点标志尽量采用固定标志。位于水泥地面、沥青地面的普通图根点，应刻十字或用水泥钉、铆钉作其中心标志，周边用红油漆绘出方框（方框尺寸以 15 cm×15 cm 为宜，线条粗细以 1.5 cm～2.0 cm 为宜）及点号。

当一幅标准图幅内没有埋石控制点时，至少应埋设一个埋石图根点，并与另一埋石控制点相通视。埋石图根点一般要选埋在第一次附合的图根点上。

（一）全站仪三角高程导线测量

虽然随着 RTK 的日益普及，RTK 已有逐步取代导线测量的趋势，尤其在一些对天通视条件较好的测区。但由于导线测量本身的优点，采用全站仪导线进行图根控制测量仍是不错的选择。不过需要特别指出的是，与传统的导线测量不同，采用全站仪进行导线测量，在一个点位上可以同时测定后视方向与前视方向之间所夹的水平角，照准方向的天顶距、垂直角，测站与后视点、前视点的倾斜距离或水平距离，测站与后视点以及前视点间的高差，即全站仪在一个点位上可以同时进行三要素的测量，在导线测量的同时进行三角高程测量，极大地提高了工作效率。一般称这种导线为三角高程导线。以下没有特别指出时，图根导线主要是指全站仪三角高程导线。

1. 图根导线网形选择

图根导线与传统的导线布设形式完全相同，其特点是易于自由扩展、地形条件限制少、观测方便、控制灵活。其布设形式一般分为以下几种：单一附合导线、单一闭合导线、支导线及导线网，可根据当地实际测量条件选择合适的网形。

局部区域可采用全站仪解析极坐标法测定图根点，但必须有检核条件。

2. 图根导线技术指标

为了确保地物点的测量精度，施测一类地物点应布设一级图根导线，施测二、三类地物点可布设二级图根导线，同级图根导线允许附合两次，技术要求如表 2.3 所示。

表 2.3　图根导线测量技术指标

附合导线长度/m	相对闭合差	边长/m	测角中误差/(″)		测回数	方位角闭合差/(″)	
			首级控制	一般	5″级全站仪	首级控制	一般
1.3M	1/2 500	不大于碎部点最大测距的 1.5 倍	±20	±30	1	$\pm40\sqrt{n}$	$\pm60\sqrt{n}$

注：M 为测图比例尺分母，n 为测站数。

山地或建筑物上的图根点高程可用图根光电测距三角高程测量方法测定，可代替图根水准测量，其技术要求如表 2.4 所示。

表 2.4　图根光电测距三角高程导线代替图根水准测量的技术要求

附合路线总长/km	平均边长/m	测回数		垂直角指标差较差		垂直角测回数	对向观测高差较差/m	路线闭合差/mm
		2″级	5″级	2″级	5″级	5″级		
≤5	≤300	1	2	15″	25″	2	≤0.02 S	$\leq\pm40\sqrt{L}$

注：① S 为边长，以 100 m 计，不足 100 m 按 100 m 计算；
②L 为路线总长，以 km 计，不足 1 km 按 1 km 计算；
③与图根水准交替使用时，路线闭合差允许值也为 $\pm40\sqrt{L}$ mm；
④当 L 大于 1 km 且每 km 超过 16 站时，路线闭合差允许值为 $\pm12\sqrt{n}$，n 为测站数；
⑤觇标高、仪器高量至 mm；
⑥高程计算至 mm，取至 10 mm。

3. 图根导线布设及测量要求

（1）导线网中结点与高级点或结点与结点间的长度不应大于附合导线长度的 0.7 倍。

（2）采用比例尺为 1：500、1：1 000 测图时，附合导线边数不宜超过 15 条，此时方位角

闭合差不应大于 $\pm 40'' \sqrt{n}$ ，绝对闭合差不应大于 $0.5 \times M \times 10^{-3}$ （m），导线长度短于表 2.4 规定的 1/3 时，其绝对闭合差不应大于 $0.3 \times M \times 10^{-3}$ （m）。

（3）一级图根导线，当导线较短，由全长相对闭合差折算的绝对闭合差限差小于 ± 13 cm 时，其限差按 ± 13 cm 计。

（4）一级图根导线的总长和平均边长可放宽到 1.5 倍，但其绝对闭合差应小于 ± 26 cm。

（5）二级图根导线长度较短，由全长相对闭合差折算的绝对闭合差限差小于图上 0.3 mm 时，按图上 0.3 mm 计。

（6）1∶500、1∶1 000 测图的二级图根导线，其总长和平均边长可放宽到 1.5 倍，但此时的绝对闭合差最大不超过图上 0.5 mm。

（7）当附合导线的边数超过 12 条时，其测角精度应提高一个等级。

（8）当图根导线布设成支导线时，支导线的长度不应超过表 2.4 中规定长度的 1/2，边数不宜多于 3 条。水平角应使用 5″级全站仪施测左、右角各一测回，其圆周角闭合差不应大于 40″。

（9）图根导线的水平角观测应使用不低于 5″级全站仪，按方向观测法观测；竖直角测量同步进行，也可直接测量天顶距。

（10）边长测量采用不低于 II 级的光电测距仪或全站仪，实测边长一测回。

（11）一级图根导线测定边长时，须测定仪器常数、棱镜常数等边长改正参数。上述参数可在电子手簿中记录，也可直接在全站仪进行设置与改正。

4. 图根支导线测量要求

（1）因地形条件的限制，布设附合图根导线确有困难时，可布设图根支导线；

（2）支导线总边数不应多于 4 条边，总长度不应超过二级图根导线长度的 1/2，最大边长不应超过平均边长 2 倍，具体要求如表 2.5 所示。

表 2.5　图根支导线平均边长及边数

测图比例尺	平均边长/m	导线边数
1∶500	100	3
1∶1 000	150	3
1∶2 000	250	4
1∶5 000	350	4

（3）支导线边长采用光电测距仪测距，可单程观测一测回。

（4）支导线水平角观测首站时，应联测两个已知方向，采用 5″级全站仪观测一测回。

（5）支导线对首站的水平角应分别测左、右角各一测回，其固定角不符值及测站圆周角闭合差均不应超过 $\pm 40''$ ；其他测站水平角可观测一测回。

5. 图根导线解算

图根导线观测完毕，需将水平角、天顶距或竖直角、边长、仪器高、棱镜高等数据整理出来，并输入平差易 2005 或清华山维 Nasew2003 等平差软件进行解算。需要注意的是，在进行三角高程导线平差时，平差易 2005 一般要求输入边长（平距）和垂直角，而清华山维 Nasew2003 则可以直接输入斜距和天顶距，因此在导线测量时应根据所使用的平差软件决定测量角度和距离的类型。

解算的方法读者可参考相关资料，在此不做赘述。

（二）一步测量法

一步测量法即在全站仪图根控制测量的同时进行碎部测量，比较适合于小面积区域。由于不需要单独进行图根控制测量，一定程度上可提高外业的作业速度。其具体操作方法为：

（1）如图 2.1 所示，全站仪置于 B 点，先后视 A 点，再照准 1 点测水平角、垂直角和距离，可求得 1 点三维坐标，此坐标为近似坐标（以下实测的坐标皆为近似坐标）。

（2）不搬运仪器，再实测 B 站周围的碎部点……根据 B 点三维坐标可得到碎部点的三维坐标。

（3）B 站测量完毕，仪器搬到 1 点，后视 B 点，前视 2 点，测水平角、垂直角和距离，得 2 点三维坐标；再实测 1 点周围碎部点，根据 1 点坐标可得该站测量的碎部点坐标，及时勾绘草图、标注测点角度、距离及碎部点点号。

（4）待测至 C 点，则可由 B 点起至 C 点的导线数据计算附和导线闭合差、高差闭合差，并对导线进行平差处理，然后利用平差后的导线点三维坐标，再重新改算各碎部点的三维坐标。

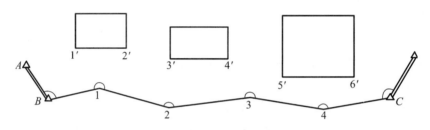

图 2.1　一步测量法示意图

（三）辐射点法

在数字测图的图根控制中，对于小区域的数字测图，可利用全站仪"辐射点法"直接测定图根控制点。辐射点法就是在某一通视良好等级控制点安置全站仪，用极坐标测量方法，按全圆方向观测方式直接测定周围选定的图根点坐标，点位相对精度可控制在 1~3 cm。该法最后测定的一个点必须与第一个点重合，以检查观测质量。

（四）GNSS-RTK 测量

目前在数字化测图中普遍使用的 GNSS-RTK 图根控制测量方法，具有速度快、作业面积大、不传递误差等特点。该方法一般分为以下两种：一是利用双频 GNSS-RTK 实现快速静态作业模式；二是 RTK 实时动态测量法。

1. 快速静态作业法

快速静态定位测量就是利用快速整周模糊度解算法原理所进行的 GNSS 静态定位测量。

快速静态定位模式要求 GNSS 接收机在每一流动站上，静止地进行观测。在观测过程中，同时接收基准站和卫星的同步观测数据，实时解算整周未知数和用户站的三维坐标，如果解算结果的变化趋于稳定，且其精度已满足设计要求，便可以结束实时观测。在图根控制测量中利用快速静态测量大约 5 min 即可达到图根控制点点位的精度要求。因此，快速静态定位具有速度快、精度高、效率高等特点。

2. RTK 实时动态测量法

目前这种方法已成为主流的方法。

RTK 实时动态定位测量前需要在一控制点上静止观测数分钟（有的仪器只需 2~10 s）进行初始化工作，之后流动站就可以按预定的采样间隔自动进行观测，并连同基准站的同步观测数据，实时确定采样点的空间坐标。

利用实时动态 RTK 进行图根控制测量时，一般将仪器存储模式设定为平滑存储，然后设定存储次数，一般设定为 5~10 次（可根据需要进行设定），测量时其结果为每次存储的平均值，其点位精度一般为 1~3 cm。实践证明 RTK 实时动态测量图根控制点能够满足大比例尺数字测图对图根控制测量的精度要求。

任务三　野外数据采集

任务描述：综合有码法和无码法，利用全站仪对测区内地形和地貌进行观测并下载至计算机中。

一、数据采集实质

数字测图通常分为野外数据采集和内业数据处理、绘图两部分。野外数据采集的过程实际上是采集测区相应的绘图信息，传统的测图方法是在测站点上用仪器测量碎部点的水平角、竖直角和距离来确定点位，然后绘图员按计算所得的坐标（或角度与距离）将点展绘到图纸上。跑尺员根据实际地形向绘图员报告，测的碎部点是什么属性（如房角点），这个（房角）点应该与哪个（房角）点连接等等，绘图员则在现场依据所展绘的点位按图式符号将地物（房屋）描绘出来。这样一点接一点地测和绘，一幅地形图也就生成了。

数字测图是利用计算机软件通过人机交互或自动处理（自动计算、自动识别、自动连接、自动调用图式符号等），自动绘出地形图。因此，数字测图必须采集绘图信息，它包括点的定位信息、连接信息和属性信息，如图 2.2 所示。

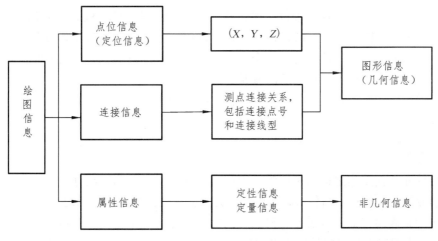

图 2.2　绘图信息的构成

29

定位信息亦称点位信息，是用仪器在碎部测量中测得的，最终是以 $(X, Y, Z(H))$ 表示的三维坐标。点号在一个数据采集中是唯一的，根据它可以提取点位坐标，因此点号也属于定位信息。连接信息指测点之间的连接关系，它包括连接点号和连接线型，据此可将相关的点连接起来。上述两种信息合称为几何信息。以此可以绘制房屋、道路、河流、地类界、等高线等图形。

属性信息又称为非几何信息，用来描述地形点的特征和地物属性的信息，一般用拟定的特征码（或称地形编码）和文字表示，有了特征码就知道它是什么点，对应的图式是什么；用文字可以注明地理名称和单位名称（权属主）等。另外，用来说明地图要素的数量或强度的，也是属性信息，例如温度、楼层、人口、流速等，一般用数字表示。进行数字测图时不仅要测定地形点的位置（坐标），还要知道是什么点，是道路还是房屋等，所以需要当场记下该测点的编码和连接信息等相关绘图信息。计算机自动成图时，只要知道编码（包括属性码和连接码），利用测图系统中的图式符号库，就可以自动从库中调出与该编码对应的图式符号成图。

通常利用全站仪或 GNSS-RTK 等测量设备直接测定碎部点的定位信息，即三维坐标，并用草图或编码记录其连接关系及其属性，为内业成图提供必要的信息，它是数字测图的基础工作，其质量好坏将直接影响成图质量与效率。

根据记录属性信息和连接信息的方式不同，可将数据采集划分为两种：现场用草图方式记录碎部点的属性信息和连接信息的称为测记法、草图法或无码法；直接在全站仪、电子手簿或 RTK 中用编码形式记录碎部点的属性信息和连接信息的称为编码法或有码法，如编码为简编码的称为简编码法。

二、数据采集准备工作

为了顺利完成测区的数字测图任务，必须做好充分的准备工作。内容包括：测区踏勘、已有成果资料收集，测区的划分，硬件的配备和检验，软件的安装、检测及熟悉，人员的组织、安排，并在数字测图技术设计书指导下，根据数字测图工作区大小、人员情况和仪器情况拟订作业计划，确保数字测图的有序开展。

（一）测区踏勘和已有成果资料准备

依据任务的要求，要对现场进行实地踏勘，在周密调查研究的基础上收集测区资料，包括各种比例尺的地形图（以 1:10 000 ~ 1:100 000 为宜）、大比例尺工作底图、交通图以及有关的气象、水文、地质、环境等有关资料；已有的控制测量资料，包括平面控制成果及高程控制成果；规范、规程以及技术设计书等。

另外还需准备外业需要的各种表格，包括 GNSS 测量记录手簿、点之记、其他各种用表、外业草图等。

（二）测区划分

在进行外业数据采集之前需按照测区大小、工期等情况将测区划分为若干个作业区，以便于多个作业组协同作业。与传统成图中按图幅划分作业区的方法（见图 2.3）不同，数字测图不需要按图幅测绘，而是以道路、河流、沟渠、山脊线等明显线状地物构成的典型面状区域为作业区，也即以上述线状地物为界进行分区，如图 2.4 所示。分区的原则是各区之间的数据应尽可能独立，即同一地物不应出现在两个以上作业区，如一栋房屋不应划在两个或多个作业区中。当然对于一些特殊情况例外，如跨作业区的线状地物等，应测定其方向线，以便于内业编绘时进行接图。

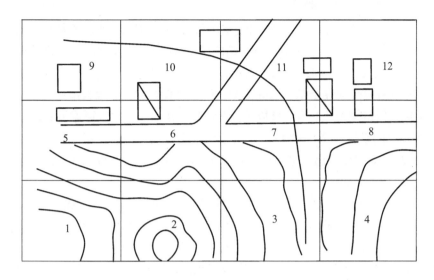

图 2.3　传统平板测图的分幅

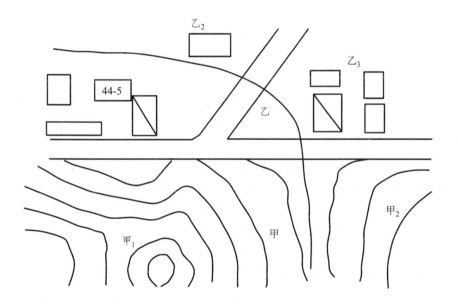

图 2.4　数字化测图的分块

（三）硬件配备和检验

主要是仪器设备的准备及检验，在测图之前须根据任务要求的不同，选择和准备全站仪、RTK 及配套的电池、数据线和手簿、脚架、棱镜、对中杆、对讲机、皮尺等仪器和工具，并按相关的规定进行仪器、工具的检验，确保所有测绘仪器的精度及功能正常。如全站仪应检查其各部件（包括电池）是否有破损、功能是否正常，测角、测距是否满足相应等级测量的精度要求。如仪器无法正常工作或无法达到相关精度要求，应进行维护及校正，以上问题可参考相关资料进行操作，在此不做赘述。

（四）软件安装、检测和熟悉

对硬件完成相关检测后，还需检查相关测图软件是否按要求进行了安装，软件是否能正常运行。对于初学者应至少熟练掌握一种常用测图软件的安装和使用，如目前测绘行业使用较为广泛的南方 CASS 系列地形地籍成图软件。

CASS 地形地籍成图软件是基于 AutoCAD 平台技术的 GIS 前端数据处理系统。软件广泛应用于地形成图、地籍成图、工程测量应用、空间数据建库、市政监管等领域，全面面向 GIS，彻底打通数字化成图系统与 GIS 接口，使用骨架线实时编辑、简码用户化、GIS 无缝接口等先进技术。自 CASS 软件推出以来，已经成长为用户量最大、升级最快、服务最好的主流成图系统。

南方公司从 1994 年推出 CASS1.0 成图软件以后，每隔几年会对 CASS 软件进行升级、完善，CASS 软件的功能已越来越强大。经过十几年的发展，CASS 出现了很多的版本，以满足不同用户的需求，一般来说从四个方面来区分：

（1）根据软件锁是否注册，软件分为准版和正版。准版就是试用版，一般只有六十多次的试用次数，开关一次 CASS，就会消减一次试用次数。准版的功能和正版无区别，正版就是经过注册，无次数限制的。

（2）CASS 的符号库是分大比例尺（1∶500、1∶1 000、1∶2 000）和中小比例尺（1∶5 000、1∶10 000）的，因此软件也就分为大比例尺版和中小比例尺版。

（3）从软件锁能使用的节点数分，CASS 可分为单机版和网络版。

（4）CASS 经过十余年的市场磨合，为不同的用户量身定制了各种版本。这些版本统称为地方版或定制版，以区别于标准版。这些版本只在特定的单位使用，单独加密。现在已有几十个定制的版本。定制版一般不升级。

2010 年，南方公司推出了 CASS9.0 地形地籍成图软件，CASS9.0 的一个重要突破就是在实体管理方面做了很多方便用户的功能（主界面），在主界面的左侧增加了多功能属性对话框，包括图层、常用、信息、属性等，增加的功能有重新载入、隐藏选中的实体、显示所有实体、只列出图上实体、以 GIS 图层显示、信息实时显示、搜索等。

CASS9.1 是 CASS 软件的最新升级版本，以最新的 AutoCAD 2012 为平台，同时适用于 AutoCAD 2002/2004/2005/2006/2007/2008/2009/2010，map3D 2010/2011/2012。CASS9.1 充分利用 AutoCAD 2012 平台的最新技术；全面采用真彩色 XP 风格界面；重新编写和优化了底层程序代码，大大完善了等高线、电子平板、断面设计、图幅管理等技术，并使系统运行速度更快、更稳定；同时大量使用真彩色快捷工具按钮，全新的 CELL 技术，使界面操作、数据浏览管理、系统设置更加直观和方便。

相对于以前各版本，CASS9.1 版本除了平台、基本绘图功能上作了进一步升级之外，还根据最新发布的图式、地籍等标准，更新完善了图式符号库和相应的功能；增加了属性面板等大量的工具。现将南方 CASS9.1 地形地籍成图软件的安装、注册、更新、卸载等进行相关说明。

1. CASS9.1 运行环境

1）硬件环境

前已述及，由于 CASS9.1 是以 AutoCAD 为平台进行的二次开发，所以安装 CASS9.1 之前必须安装 AutoCAD 平台。如图 2.5 所示，CASS9.1 可以安装在 AutoCAD 2002/ 2004/ 2005/ 2006/ 2007/ 2008/ 2010/ 2011 上。

图 2.5　CASS9.1 的安装界面（注意右下角的系统平台）

以当前较为普及的 AutoCAD 2010 的配置要求为例：

（1）处理器。

① 32 位。

a. Windows XP：Intel Pentium 4 或 AMD Athlon Dual Core，1.6 GHz 或更高，采用 SSE2 技术。

b. Windows Vista：Intel Pentium 4 或 AMD Athlon Dual Core，3.0 GHz 或更高，采用 SSE2 技术。

② 64 位。

a. AMD Athlon 64，采用 SSE2 技术。

b. AMD Opteron 64，采用 SSE 技术。

c. Intel Xeon，支持 Intel EM64T 并采用 SSE2 技术。

d. Intel Pentium 4，支持 Intel EM64T 并采用 SSE2 技术。

（2）RAM：2 GB。

（3）图形卡：1024×768 真彩色，需要一个支持 Windows 的显示适配器。对于支持硬件加速的图形卡，必须安装 DirectX 9.0c 或更高版本。从 ACAD.msi 文件进行的安装并不安装 DirectX 9.0c 或更高版本。必须手动安装 DirectX 以配置硬件加速硬盘：安装 750 MB。

（4）硬盘：32 位，安装需要使用 1 GB；64 位，安装需要使用 1.5 GB。

2）软件环境

（1）操作系统。

① 32 位：

a. Microsoft Windows Vista Business SP1。

b. Microsoft Windows Vista Enterprise SP1。

c. Microsoft Windows Vista Home Premium SP1。

d. Microsoft Windows Vista Ultimate SP1。

e. Microsoft Windows XP Home SP2 或更高版本。

f. Microsoft Windows XP Professional SP2 或更高版本。

② 64 位：

a. Microsoft Windows Vista Business SP1。

b. Microsoft Windows Vista Enterprise SP1。

c. Microsoft Windows Vista Home Premium SP1。

d. Microsoft Windows Vista Ultimate SP1。

e. Microsoft Windows XP Professional x64 Edition SP2 或更高版本。

（2）浏览器：Web 浏览器 Microsoft Internet Explorer 7.0 或更高版本。

（3）平台：AutoCAD 2002/2004/2005/2006/2007/2008/2010/2011。

（4）文档及表格处理：Microsoft Office 2003 或更高版本。

当前市场上绝大部分的便携机、台式机都可满足上述硬、软件要求。

2. CASS9.1 安装

1）AutoCAD 2010 安装

AutoCAD 2010 是美国 Autodesk 公司的产品，用户需找相应代理商自行购买。以下是 AutoCAD 2010 的简要安装过程。

（1）AutoCAD 2010 软件光盘放入光驱后，执行安装程序，AutoCAD 将出现图 2.6 所示信息。选择"安装产品"和说明语言。

图 2.6　AutoCAD 2010 的安装界面

（2）点击"安装产品"，就会出现图 2.7 所示界面，选择"下一步"。

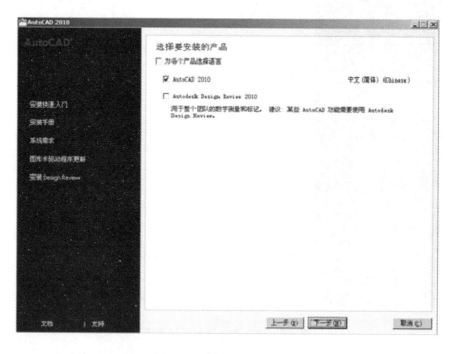

图 2.7　选择要安装的产品

（3）接受许可协议界面如图 2.8 所示，选择"我接受"，点击"下一步"。

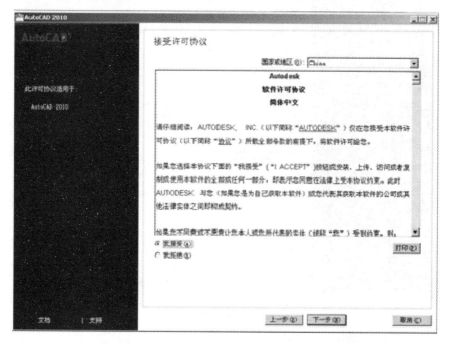

图 2.8　产品许可协议界面

（4）输入产品和用户信息，如图 2.9 所示。录入产品序列号和密钥，点击"下一步"。

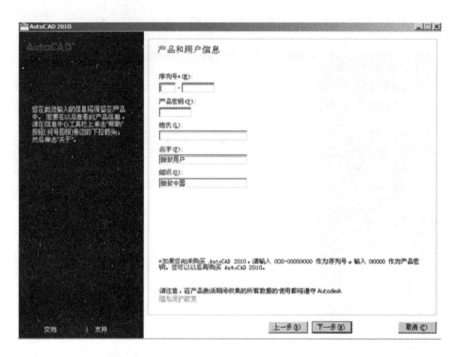

图 2.9　录入产品序列号和密钥

（5）配置安装目录，在图 2.10 所示界面中配置安装路径，点击"安装"。

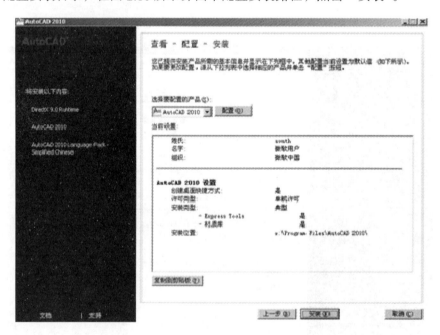

图 2.10　配置安装路径

（6）安装进度界面如图 2.11 所示。

图 2.11　安装进度界面

（7）稍等几分钟，会出现如图 2.12 所示的安装完成界面。点击"完成"，按提示操作重启电脑，再启动 AutoCAD 2010 程序。

图 2.12　安装完成界面

2）CASS9.1 安装

（1）CASS9.1 安装应该在安装完 AutoCAD 2010 并运行一次后才进行。打开 CASS9.1 文件夹，找到 setup.exe 文件并双击它，屏幕上将出现如图 2.13 所示的"欢迎"界面。

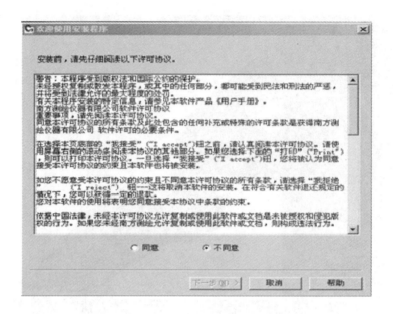

图 2.13　CASS9.1 软件安装"欢迎"界面

（2）选择"同意"后点击"下一步"，会出现如图 2.14 所示界面，选择 Autocad 平台界面，软件自动检测电脑上所装的 Autocad 软件，并提示选择一个 CASS9.1 的安装平台。

图 2.14　CASS9.1 软件安装"选择 cad 平台"界面

（3）点击"下一步"后，软件会自动安装在指定的 CAD 平台上面，出现如图 2.15 所示界面。

（4）点击"安装完成"后，会出现如图 2.16 所示软件锁驱动程序安装界面，这时必须确保已经插上软件锁。点击"完成"结束 CASS9.1 的安装。

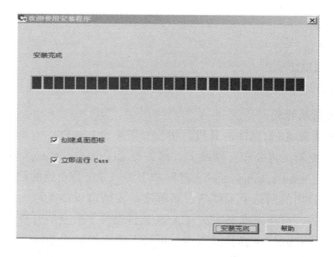

图 2.15　安装完成界面

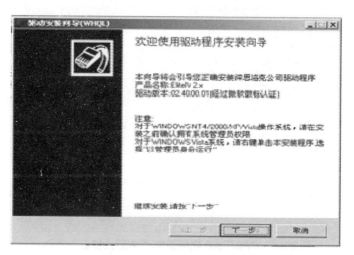

图 2.16　CASS9.1 软件安装"驱动安装"界面

（5）点击"下一步"后，会出现如图 2.17 所示软件安装完成的界面。

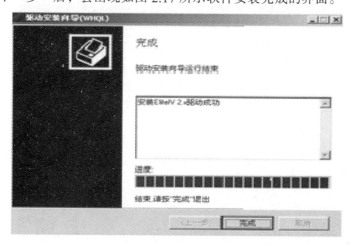

图 2.17　软件安装完成

3. CASS9.1 注册

（1）启动 CASS9.1；

（2）输入命令"REGI"；

（3）输入注册密码即可。

4. CASS9.1 更新及卸载

CASS 软件每年随着 AutoCAD 的升级，将会升级平台和软件。于每年春节后，进行新产品发布。之后的软件更新，将公布在网站上。南方测绘（http://www.southsurvey.com）和南方数码的网站（http://www.southgis.com）将同步上传，并公布更新的简要说明。当用户第二次安装软件时（南方公司的网站上下载的更新程序的安装过程中无须人工干预，程序将找到当前 CASS 的安装路径，自动完成安装），CASS 软件提供了安全的升级方式。打开 CASS9.1 安装文件文件夹，找到 setup.exe 文件并双击，屏幕上将出现如图 2.18 所示界面（CASS9.1 的安装向导将提示用户进行软件的安装）。

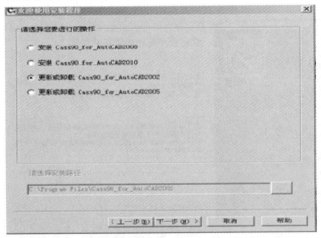

图 2.18　CASS 9.0 软件安装"更新或卸载"界面

点击"下一步"得到如图 2.19 所示界面，选择"开始更新"或者"开始卸载"开始相应的操作。

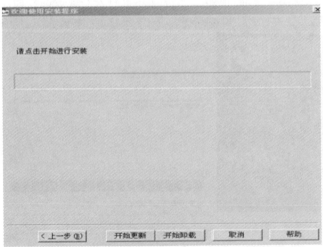

图 2.19　选择"开始更新"或者"开始卸载"

5. CASS9.1 软件测试

CASS9.1 安装完毕后，需检测其是否能正常运行，具体方法为打开软件菜单中的"文件"，点击下拉菜单中的"CASS 软件注册"，如出现"此软件已经注册为正式版"（见图 2.20），则基本上可以肯定软件已经正确安装，不过最好再运行几个命令（如用多段线绘制一个简单图形并进行保存），看能否正常运行；如无法正常运行，应找出原因进行解决，确保数据采集时能正常工作。

图 2.20　正式注册信息

6. CASS9.1 软件基本功能及操作

1）CASS9.1 界面及菜单基本功能

如图 2.21 所示，CASS9.1 的操作界面友好，主要包括：标题栏、菜单栏、菜单面板、属性面板、状态栏、图形窗口、文本窗口、命令行、十字光标、右侧屏幕菜单和工具条等，其操作方法与 AutoCAD 基本相同，只是菜单栏、工具栏的内容有所不同。

图 2.21　CASS9.1 的操作界面

菜单栏包括文件、工具、编辑、显示、数据、绘图处理、地籍、土地利用、等高线、地物编辑、检查入库、工程应用和其他应用等 13 个菜单。点击菜单选项会弹出相应的下拉菜单，每个菜单项均以对话框或命令行提示的方式与用户交互应答，操作灵活方便。

以下简单介绍 CASS9.1 中 13 个主菜单的功能：

（1）文件：主要用于控制文件的输入、输出，对整个系统的运行环境进行修改设定。

（2）工具：主要在编辑图形时提供绘图工具。

（3）编辑：主要通过调用 AutoCAD 命令，利用其强大丰富、灵活方便的编辑功能来编辑图形及管理图层。

（4）显示：提供观察一个图形的多种方法，及对象的三维动态显示，使视觉效果更加丰富多彩。

（5）数据：主要对数据导入导出、数据的编辑及对编码的编辑。

（6）绘图处理：确定比例尺、简码成图、高程信息的管理及分幅信息的生成、修改。

（7）地籍：主要是地籍图的绘制、编辑、修改及报表的生成与管理。

（8）土地利用：绘制行政区界，生成图斑等地类要素，对土地利用情况进行统计和分类。

（9）等高线：建立数字地面模型，计算并绘制等高线或等深线，自动切除穿建筑物、陡坎、高程注记的等高线。

（10）地物编辑：主要对地物进行加工编辑。

（11）检查入库：进行图形的各种检查以及图形格式转换。

（12）工程应用：主要是在数字地形图中进行坐标查询、面积计算、断面图绘制和土方量计算等。

（13）其他应用：用来建立数据库，对图纸进行管理；数字市政监管和符号自定义。

屏幕菜单主要用于绘图时选择定点方式和地物图层。

工具栏除了 CASS9.1 自己的工具条之外，还包括 AutoCAD 的部分工具条。工具栏同样包括固定工具栏、浮动工具栏和随位工具栏。其使用方法与 AutoCAD 相同。

菜单面板中包含了常用的一些菜单，用户可进行调整。

属性面板为 CASS9.1 的新增项目，如图 2.22 所示。属性面板具备如下功能：

（1）简单方便的开关图层。只需将图层前面方框中的勾去掉就可以关闭图层，也可以按需要关闭某几个编码的图层。

（2）通过图层快速选择目标。在图层管理器里，所有编码相同的实体都在同一个层里，要想将编码相同的实体都选中进行批量操作的话，只需鼠标左键双击编码所在图层就可以全选了，比以往的批量选取目标的操作简单多了。

（3）用图层管理器绘制地物。CASS9.1 之前的版本中所有的地物都是通过屏幕菜单来绘制的，现在新的图层管理器能按编码来分层，当然也可以根据图层来绘制地物了。选择要绘制的地物所在层，点击鼠标右键就可以绘制该编码的实体了。

（4）快速的搜索功能。如图 2.23 所示，在图层管理器的上方有个搜索框，当需要绘制查看某个地物时，可以通过搜索框来实现，例如要绘制体育场的话，在屏幕菜单里找到需要一定时间，直接在搜索框里输入"体育场"，搜索框将会列出所有有关"体育场"的图层。右键点击要绘制的实体图层就可以绘制了。需要注意的是，在搜索前要将图层显示切换到"将列出全部实体"，这样才能搜索到所有相关的图层。

数字测图实用教程

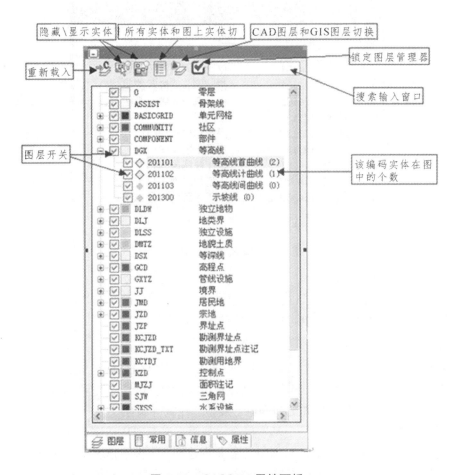

图 2.22　CASS9.1 属性面板

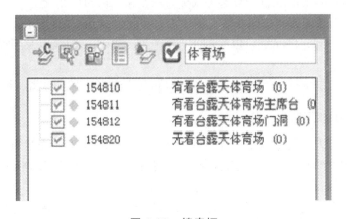

图 2.23　搜索框

（5）图层管理器综合应用。如图 2.24 所示，用如下步骤可查看图上地物的种类：首先将图层显示切换到只列出图上实体并且显示隐藏实体，然后在搜索框里输入空格，就可以查看图上所有地物的分层了。

43

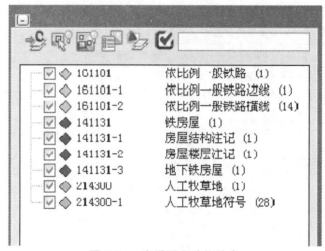

图 2.24　查看图上地物种类

CASS 中预设了 26 个图层，但是打开不是 CASS 作的图时，显示的图层是不一样。如果图层不完整，如何才能显示所有 CASS 的标准图层呢？可以打开"文件"菜单下的"加入 CASS 环境"，然后点击"重新载入"，就可以显示完整的图层了。

7. CASS9.1 系统常用概念

（1）对象：在一个 CAD 系统中制图的图形元素。大多数 CAD 系统支持的典型对象是：点、线、圆弧和椭圆；复杂的对象经常是 CAD 专用的，如多段线、文字、标注、阴影和样条。

（2）属性：每个对象都有已知的如颜色、线型、线宽等属性。

（3）层：计算机辅助设计的一个基本概念，是用来组织和构造图样的。一个图样中每个对象都在一个层上，并且一个层可以容纳任意多的对象。大多数情况下，具有共同属性和共同作用的对象集合在一个层上，层有属性，例如：颜色、线型、线宽等。

（4）块：可组合起来形成单个对象（或称为块定义）的对象集合。

（5）复合线：相连的直线、弧线组成的序列，实际为 AutoCAD 中的多义线。它与直线的绘制及圆弧的绘制不同，多义线可以绘制相连的直线、相连的弧线以及相连的弧线和直线的组合。

（6）实体：其一是指构成图形的有形的基本元素或注记，其二是指三维物体。

（五）人员组织和安排

测图方法不同，人员组织也不一样。一般而言，人员组织主要安排两个方面的内容：一是根据测区大小和总的测量任务确定配备多少个小组及安排相应的后勤人员；二是具体到一个小组的人员配备。

目前对于采用全站仪进行全野外数据采集的测绘小组，其人员配备可根据数字测图采集数据时属性数据及连接信息记录方式的不同来进行确定，主要有以下 4 种作业方法：草图法（或称为测记法、无码法）、有码法（或称为编码法、简编码法）、电子平板法及掌上平板法。

1. 绘制观测草图作业模式

该方法是在全站仪采集数据（即定位信息、三维坐标）的同时，现场绘制观测草图，记录所测地物的形状并注记测点顺序号（即属性信息和连接信息），内业将观测数据传输至计算机，在测图软件的支持下，对照观测草图进行测点连线及图形编辑。

如图 2.25 所示，草图法测图时，作业人员的配置一般为：观测 1 人，领尺 1 人，跑尺 1～3 人，所以每个小组至少 3 人。其中领尺员是测图小组的核心成员，负责绘制草图和内业成图；跑尺员的多少则与观测人员及领尺员的操作熟练程度有关，操作比较熟练时，跑尺人员可以是 2～3 人。

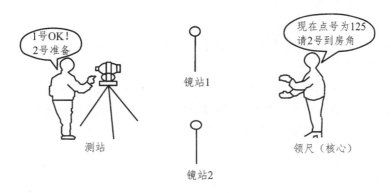

图 2.25 小组作业人员配备情况示意图

草图法的人员配置和流程如下：

（1）全站仪 + 电子手簿

① 外业：测站 2 人：操作仪器、记录手簿各 1 人，领尺员画草图 1 人；镜站 1 人（或多人）；跑尺员 1～3 人。

② 内业：联机传数据→展点→根据草图绘地形图（点号/坐标定位）

（2）带内存全站仪

① 外业：测站 2 人：观测员操作仪器 1 人；领尺员画草图 1 人；镜站 1 人（或多人）；跑尺员 1～3 人。

② 内业：联机传数据→展点→根据草图绘地形图（点号/坐标定位）。

时间上来说，一般外业观测 1 天，内业处理 1 天；或者白天外业观测，晚上完成内业成图处理。工期较紧时，一般采用后者。

2. 碎部点编码作业模式（有码法）

该方法是按照一定的规则给每一个所测碎部点一个编码，每观测一个碎部点则通过仪器（或手簿）键盘输入一个编码（详细内容见后），每一个编号对应一组坐标（X，Y，H），内业处理时将数据传输到计算机，在数字成图软件的支持下，由计算机进行编码识别，并自动完成测点连线形成图形。

编码法测图时，每个小组最少为 2 人：观测 1 人，跑尺 1 人，操作非常熟练时也可以增加跑尺人员的数量。目前生产单位多采用自己开发的数字测图软件测图，采集数据时由全站仪观测人员输入自主开发的编码，不需要绘制草图。内业成图时，计算机根据编码自动绘图。

简码法的人员配置和流程如下：

① 外业：测站 1 人（操作仪器，输入地物编码）；镜站 1 人（或多人）。

② 内业：联机传数据→展点→简码识别→绘平面图。

3．电子平板作业模式

该模式是将电子平扳（笔记本电脑）通过专用电缆与全站仪的数据输出口连接，观测数据直接进入电子平板，在成图软件的支持下，现场连线成图。

电子平板法测图时，作业人员一般配置为：观测员 1 人，便携机操作人员一人，跑尺员 1～3 人。

电子平板法人员配置和流程如下：

（1）全站仪 + 笔记本电脑

①外业：测站 2 人：操作仪器 1 人，操作电脑 1 人。

②内业：编辑出图。

（2）全站仪 + 南方测图精灵

①外业：测站 2（或 1）人：操作仪器瞄准目标 1 人，操作测图精灵绘图 1 人。

②内业：导入 CASS 软件编辑出图。

4．掌上平板作业模式

方法同电子平板。

四种作业模式优缺点比较如表 2.6 所示。

表 2.6   全站仪测图四种作业模式优缺点对比表

作业模式	外业工作量	内业工作量	成图效率	成本	人员
草图法	较小	较大	较低	较大	至少 3 人
简码法	较大	较小	极高	较小	至少 2 人
电子平板法	大	很小	高	大	至少 3 人
掌上平板法	较大	很小	高	较小	至少 2 人

上述几种作业模式中简码法对测站工作人员要求较高，外业工作量较大；电子平板成本高，笔记本耗电量大、使用寿命短，故实际上草图法用得较多。随着平板电脑的价格下降，采用电子平板法测图数量有增加的趋势。

作业人员应根据测区情况、仪器情况及个人操作习惯等综合采用以上方法。

采用 GNSS-RTK 采集数据时，则主要根据配置的流动站数量来确定外业观测人员的人数。除基准站以外，每增加 1 个流动站则增加 1 人。其操作方式类似掌上平板法，方法较为简单。由于其内业成图方式与全站仪采集数据完全一致，对于采用 GNSS-RTK 采集数据的方法，读者可参考相关仪器的说明书。

三、数据采集内容

在进行数据采集之前，必须先弄清数据采集的内容。由测绘基础可知，地形图包括的内容实际上有以下三个方面：

（1）地形要素：地物和地貌。

（2）数学要素：

比例尺：标注在图幅的正下方。

图名：图幅正上方，以图内主要内容名称命名。

图号：分幅及编号，图名下方或紧跟图名。

图廓：地形图的边界，内、外图廓。

接合图表：说明本图幅与相邻图幅的关系。

（3）其他内容：

测绘单位、坐标系统、高程系统等；测量员、绘图员、检查员等。

上述数学要素和其他内容都属于地形图整饰的内容，都不在数据采集的范围。换言之，数据采集实际上是对地形要素（或者地形信息）的采集，地形要素分为两大类，地物和地貌，所以数据采集实际上就是进行地物测绘和地貌测绘的过程，也即传统地形图测量中的碎部测量。

我们知道碎部测量即测定碎部点（能代表地物和地貌形状的特征点）的平面位置和高程并按测图比例尺缩绘在图纸上的工作。

虽然在进行数据采集时，都是对特征点进行采集，由于地物要素包括 6 种，一般称为地物六要素，即居民地及其设施、交通、水系、土质与植被、境界线、管线及其附属设施。每种要素由于各自的特点，测量的方法及要求是不尽相同的。

测绘居民地时，应按以下要求进行：

（1）居民地中各类建筑物均应测绘；

（2）居民地的各类建筑物、构筑物及主要附属设施应准确测定其实地外围轮廓，如实反映建筑物结构特征；

（3）房屋的轮廓应以墙基外角为准，并按建筑材料和性质分类，注记结构与层数，1：500、1：1 000 图的房屋要逐个表示，临时性的建筑可舍去；

（4）建筑物和围墙轮廓凸凹图上小于 0.5 mm，简单房屋小于 0.6 mm^2 时，可用直线连接等。

道路及其附属设施的测绘，应满足如下要求：

（1）图上应准确反映出道路的种类和等级，附属设施的结构和关系；

（2）正确处理道路的相交关系及其他要素的关系；

（3）铁路轨顶，公路路中，道路交叉处、桥面、隧洞、涵洞均应注高程；

（4）公路等双线道路均应依比例尺绘制，公路每隔 10～15 cm 要标注公路等级代码，国道要注出编号，公路、街道要注出铺装材料；

（5）铁路与其他道路相交时，铁路符号不能中断；

（6）路堤、路堑均应实测边界，并在坡顶、坡脚适当注记高程；

（7）道路通过居民地时不宜中断，按实地位置绘出高速公路，要绘出栅栏及出入口等。

地物测绘有以下通用原则：

（1）测绘规范和图式是测绘的依据。

（2）测绘地物要遵循"看不清不绘"的原则。

（3）地物测绘必须依测图比例尺，按地形测量规范和地形图图式的要求，经综合取舍，将各种地物表示在图上。凡能在图上表示的均要表示，即凡能依比例尺表示的地物（大于图上 2 mm），应将其水平投影位置的几何形状测绘到地形图上，或是将它们的边界位置表示到图上，边界内填入相应的地物符号。综合取舍的一般原则为：

① 要求地形图上的地物位置准确，主次分明，符号运用恰当，充分反映地物特征，图面清晰，易读便于使用。

② 保留主要、明显、永久地物，舍弃次要、临时性地物。对有方位意义及对勘测、设计、

规划、施工等重要参考意义的地物，要重点表示。

③当两种地物符号在图上密集不能容纳时，可将主要的地物精确表示，次要的适当位移表示，位移时应保持其相关位置的正确，保持总貌和轮廓特征。

④许多同类地物聚集于一处，不能一一表示时，可综合为一个整体表示，如相邻的几幢房屋可表示为街区；密集地物无法表示而又不能综合或移位时，取其主要地物，舍弃次要地物，如密集池塘不能综合为河、湖。

⑤一般而言，1∶2 000 以上大比例尺地形图均为依比例尺测图，即图上地物、地貌应尽量显示，综合问题很少。在地形测图中，地物的综合取舍是个十分复杂的问题，只有通过长期的实践才能正确地掌握。

（4）能依比例尺的地物要测定其轮廓点，使其与实地地物相似。轮廓内要注记相应的文字和符号。

（5）半依比例尺的地物要准确测定其中心线。

（6）不依比例尺的地物要准确测定其中心位置，并以相应的地物符号表示。

四、碎部点数据采集常用方法

理论上，数字测图要求实测每一个碎部点的坐标及高程，实际工作中往往无法做到（因某些点无法到达或会造成巨大的工作量），因此须灵活运用各种测绘方法进行数据采集，"实测与计算，测算结合"，如综合采用极坐标法、偏心测量法、矩形计算法、垂足法、直线相交法、平行曲线法、对称点法和图形平移法、距离交会法、直角坐标法、直线及方向交会法等。其中极坐标法是最常用的方法，必须掌握。以下几种方法在数据采集时也经常使用，读者可根据实际情况灵活运用。

1. 平行曲线法

平行曲线法是对由两条或两条以上平行的线状地物组成的地物，只测定其中一条线状地物上的若干碎部点，通过量取平行线间的间距或测定平行线上的任意一点确定平行线的方法。适用于平行地物如等级公路、铁路、渠道等的测绘。

2. 直线相交法

直线相交法是用两已知相交线段（线段的四个端点为已知碎部点）的交点确定待定点的方法。适用于房屋、道路等规则地物的测绘。

3. 平行线交会法

平行线交会法是指待定碎部点分别和两已知相交线段平行，分别测定其间距，求待定碎部点的方法，适用于独立地物的测绘。

4. 对称点法

对于轴对称地物，已知沿对称轴的一边和另一边其中一个碎部点，求其他对称的未知碎部点。适用于一些规则地物的测量，如房屋、厂房或某些独立地物的测绘。

5. 图形平移法

当某些地物的形状完全相同，且方位一致，则可用此方法确定待测碎部点。如某些排列整齐的房屋、花圃等地物。

五、碎部点数据采集步骤

（一）碎部点数据采集步骤

前已述及目前全站仪数据采集常用的方法主要有 4 种，其中无码法和简码法是其中两种使用率较高的。

这两种方法的工作流程基本上是一致的，都可划分为三个步骤，如图 2.26 所示。

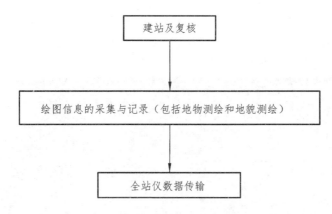

图 2.26　全站仪数据采集的流程

1. 建站及复核

即在测区合适的图根点上安置仪器并进行相应设置。各小组的作业区划好后，即可进入作业区进行数据采集工作。建站可按以下步骤进行操作（由于目前测绘市场上仪器种类繁多，各种仪器操作的方法不尽相同，本书不针对特定仪器的操作进行说明，具体操作方法读者可参考相关仪器使用说明书）：

1）安置仪器及参数检查和设置

作业小组根据作业区内地位和地貌及图根控制点的分布情况，在合适位置选取一个通视条件较好的图根控制点安置好全站仪，量取仪器高精确至 mm。

开机后首先需对全站仪进行相应的参数检查和设置以满足数据采集的要求。由于全站仪的参数较多，并非每种参数都需要进行设置，但应该检查该参数是否对数据采集造成不良影响，对测量精度会造成影响的参数尤其应重点检查。

仪器参数检查和设置的内容一般应包括角度单位、距离单位、温度、气压、水平角度的类型（左角/右角）、垂直角的起算方向（水平为零或天顶为零）、合作模式（棱镜、放射片或免棱镜）、测量模式、棱镜常数、距离测量的次数、距离的类型（斜距、平距或垂距）、免棱镜的距离范围等，对数据采集会造成不便或精度下降的参数需根据情况进行重新设置。

2）建站及后视

包括数据文件（项目）的建立，测站点、后视点（后视方位角）的输入，照准目标后视。

需要注意的是，正确进行建站是采集准确数据的前提和基础，如建站时数据输入错误或后视出错将导致所有碎部点的数据出错，务必反复核对并进行复核。

3）复　核

后视完成后，需进行复核，常见的做法是，直接复测后视点的坐标并与其已知坐标进行对比，如不超过比例尺精度的 1/2，通常即认为可以进行碎部测量。但该方法无法检查出测站点和后视点平面坐标都交换的错误，因此最好通过 3 个图根点进行复核，即测出该点的坐标并与其已知坐标进行对比，如不超过比例尺精度的 1/2 即可。

2. 绘图信息采集与记录

建站并复核后便可选择合适的地形、地貌特征点开始进行绘图信息的采集，绘图信息中最为主要的实际上是地形和地貌的几何信息或者定位信息，定位信息的获取是通过进行碎部测量、获取碎部点（特征点）的坐标及高程来完成的。

地物特征点指决定地物形状的地物轮廓线上的转折点、交叉点、弯曲点及独立地物的中心点等。如图 2.27 所示，在居民区进行碎部测量时，房屋及道路的特征点主要是房屋和道路轮廓线上的转折点、交叉点、弯曲点（图中的红点）。

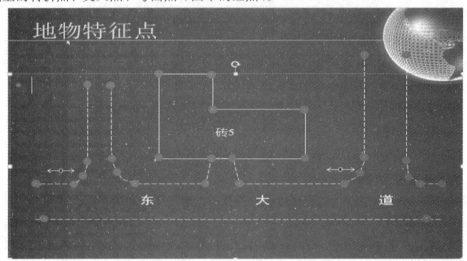

图 2.27　房屋及道路的特征点

采用全站仪对地物的特征点进行测量时可以只采集几何信息，也就是特征点的定位信息，实际上就是该点的三维坐标（X，Y，H）；也可以同时将连接信息和属性信息一并采集。

如果只采集几何信息同时绘制草图，这种方法称为草图法、无码法或测记法；而采集几何信息的同时输入相应编码记录属性及连接信息的方法则称为有码法。

3. 全站仪数据传输

全站仪数据传输详见本部分（六）。

（二）草图法作业

采用草图法作业前首先应该弄清楚的是，什么是草图、草图如何绘制及如何记录绘图信息。

草图也可称为工作草图，它是内业绘图的依据，采用测记法进行野外数据采集，工作草图是绘图的必需品，是成果图质量的保证。

工作草图可以根据测区内已有的相近比例尺地形图或影像图编绘，也可以在碎部点采集时绘制。

画草图时一定注意图上点号标注清楚、准确，一定要和全站仪或手簿记录的点号保持一致。

如图 2.28 所示，工作草图记录的主要内容包括：地物的相对位置、点名、丈量距离记录、地貌地形线、地理名称和说明注记等。在随测站记录时，应注记测站点点名、北方向、绘图时间、绘图者姓名等，最好在每到一测站时，整体观察一下周围地物，尽量保证一张草图把一测站所测地物表示完全，对地物密集处标上标记，另起一页放大表示。

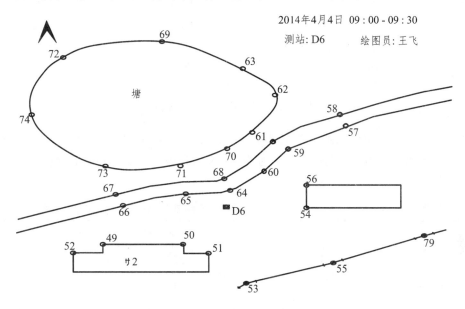

图 2.28　工作草图应记录的内容

需要特别提醒的是，由于草图法所有的属性信息和连接信息全部记录在草图上，一旦草图损毁或丢失将造成内业无法准确有效地编辑地形图，甚至根本无法编辑地形图。因此除了妥善保存草图原图外，还应使用随身携带的手机或其他带照相功能的数码产品不定时地对草图进行拍照，对草图记录的绘图信息进行备份，降低或避免由于草图损毁或丢失造成的损失。

（三）编码法作业

采用编码法作业时，首先要弄清楚编码是什么。实际上这里的编码指的是数据编码，而所谓数据编码是用来表示地物属性和连接关系等信息的按一定规则构成的符号串。

数据编码按其基本内容可分为三类：地物要素编码（或地物特征码、地物属性码和地物代码）、连接关系码、面状地物填充码。这三类码有着不同的作用：地物要素编码是用来表示碎部点属性的；连接关系码是用来表示点与点之间的连接关系和连接线型的；面状地物填充码是在成图软件中用于表示面状地物中的填充符号的。

另外根据编码的出发点、规则、方法的不同，数据编码可分为三种：国家标准地形要素分类与编码、全要素编码和简编码。可以认为第一种编码为国家标准，另外两种为企业标准。

1）国家标准地形要素分类与编码

按照《1∶500　1∶1000　1∶2000 外业数字测图技术规程》的规定，野外数据采集编码的形式为：地形码+信息码。地形码是表示地形图要素的代码。

在《基础地理信息要素分类与代码》（GB/T 13923—2006）和《城市基础地理信息系统规范》（CJJ 100—2004）中对比例为 1∶500、1∶1000、1∶2000 地形图中的代码规定：代码位数为 6 位十进制数字码，分别为按数字顺序排列的大类、中类、小类和子类码，代码的每一位均用 0～9 表示，其结构如图 2.29 所示。

图 2.29　国家标准编码的结构

例如大类中，1 为定位基础（含测量控制点等）；2 为水系；3 为居民地及其附属设施；4 为交通；5 为管线；6 为境界与行政；7 为地貌；8 为植被与土质。基础地理信息要素部分代码如表 2.7 所示。

表 2.7　1：500　1：1 000　1：2 000 地形图基础地理信息要素部分代码

分类代码	要素名称	分类代码	要素名称
100000	定位基础	300000	居民地及设施
110000	测量控制点	310000	居民地
110101	大地原点	310100	城镇、村庄
110103	图根点	310300	普通房屋
110202	水准点	310600	高层房屋
110300	卫星定位控制点	311002	地下窑洞
…	…	340503	凉台

《国家标准地形要素分类与编码》对地形测量中的各种地物进行了统一规定，避免了"各自为政"所带来的混乱。

2）全要素编码

全要素编码通常是由若干个十进制数组成，其中每一位数字都按层次分，都具有特定的含义。有的采用五位，有的采用六位、七位。每一种编码都有自己的特点，但一般都是用其中的三位表示地物编码，其他是将一些不是最基本的、规律的连接及绘图信息都纳入编码。如南方 CASS 的内部编码就属于全要素编码。

该编码的优点是各点编码具有唯一性，计算机易识别处理。但外业直接编码输入较为困难，主要是难于记忆。目前大部分测图系统，比如南方 CASS，解决的方法是点击屏幕菜单的绘图图标，就自动给定了对应的地形符号编码。

3）简编码

前述"有码法"中的"码"通常所指的便是简编码，简编码是在野外作业时输入简单的提示性编码，经内业简码识别后可自动转换为程序内部码。南方 CASS 地形地籍成图系统的作业码就是一套简编码方案，在介绍这套方案之前，我们可以通过表 2.8～2.10 三个表格看出南方 CASS 地形地籍成图系统的作业码的特点。

表2.8　南方CASS地形地籍成图系统线、面状地物符号代码

坎类（曲）	K（U）+数（0—陡坎；1—加固陡坎；2—斜坡；3—加固斜坡；4—垄；5—陡崖；6—干沟）
线类（曲）	X（Q）+数（0—等外公路；1—内部道路；2—小路；3—大车路；4—建筑公路；5—地类界；6—乡、镇界；7—县、县级市界；8—地区、地级市界；9—省界线）
垣栅类	W+数（0—宽为0.3 m的围墙；1—宽为0.5 m的围墙；2—栅栏；3—铁丝网；4—篱笆；5—活树篱笆；6—不依比例围墙、不拟合；7—不依比例围墙、拟合）
铁路类	T+数[0—标准铁路（大比例尺）；1—标准铁路（小）；2—窄轨铁路（大）；3—窄（小）；4—轻轨铁路（大）；5—轻（小），6—缆车道（大）；7—缆车道（小）；8—架空索道；9—过河电缆]
电力线类	D+数（0—电线塔；1—高压线；2—低压线；3—通讯线）
房屋类	F+数（0—坚固房；1—普通房；2——一般房屋；3—建筑中房；4—破坏房；5—棚房；6—简单房）
管线类	G+数[0—架空（大）；1—架空（小）；2—地面上的；3—地下的；4—有管堤的]
植被土质	拟合边界B+数（0—旱地；1—水稻；2—菜地；3—天然草地；4—有林地；5—行树；6—狭长灌木林；7—盐碱地；8—沙地；9—花圃） 不拟合边界H+数（0—旱地；1—水稻；2—菜地；3—天然草地；4—有林地；5—行树；6—狭长灌木林；7—盐碱地；8—沙地；9—花圃）
控制点	C+数（0—图根点；1—埋石图根点；2—导线点；3—小三角点；4—三角点；5—土堆上的三角点；6—土堆上的小三角点；7—天文点；8—水准点；9—界址点）
圆形物	Y+N（以该点为圆心，N米为半径绘制一个圆，N应为整数）
平行体	P+[（X（0~9），Q（0~9），K（0~6），U（0~6），…]

注：例如，K0—直折线型的陡坎，U0—曲线型的陡坎，W1—宽度0.5米的围墙，T0—标准铁路（大比例尺），Y5—以该点为圆心半径为5 m的圆

表2.9　南方CASS地形地籍成图系统连接码表

符号	含义
+	本点与上一点相连，连线依测点顺序进行
−	本点与下一点相连，连线依测点顺序相反方向进行枞
n+	本点与上n点相连，连线依测点顺序进行
n−	本点与下n点相连，连线依测点顺序相反方向进行
p	本点与上一点所在地物平行
np	本点与上n点所在地物平行
+A$	断点标识符，本点与上点连
−A$	断点标识符，本点与下点连

表 2.10　南方 CASS 地形地籍成图系统部分常用点状地物符号代码表

符号类别	编 码 及 符 号 名 称				
管线设施	A24 上水检修井	A25 下水/雨水检修井	A26 圆形污水篦子	A27 下水暗井	A28 煤气/天然气检修井
管线设施	A29 热力检修井	A30 电信入孔	A31 电信手孔	A32 电力检修井	A33 工业/石油检修井
管线设施	A35 不明用途检修井	A36 消火栓	A37 阀门	A38 水龙头	A39 长形污水篦子
独立树	A50 阔叶独立树	A51 针叶独立树	A52 果树独立树	A53 椰树独立树	
道路设施	A45 里程碑	A46 坡度表	A47 路标	A48 汽车站	A49 臂板信号机
电力设施	A40 变电室	A41 无线电线塔	A42 电杆		
公共设施	A70 路灯	A71 照射灯	A72 喷水池	A73 垃圾台	A74 旗杆
公共设施	A75 亭	A78 水塔	A79 水塔烟囱	A84 避雷针	A85 抽水机站

由表 2.8、2.9 可知，南方 CASS 地形地籍成图系统的作业码操作码可区分为野外操作码（类别码）、连接关系码和点状地物符号码三种，其编码形式简单、规律性强、易记忆，并能同时采集测点的属性信息和连接信息。以下是几种常用码：

（1）野外操作码

要真正实现编码法测图，首先有必要了解编码的规则和构成。

CASS9.1 的野外操作码由描述实体属性的野外地物码和一些描述连接关系的野外连接码组成。野外地物码是用来表示地物属性的，也就是规定绘图连线时系统要调用的地物符号和线型；而连接码则规定了点和点之间的连接关系。

采用编码法成图，需了解野外操作码的几个定义规则：

①各种不同的地物、地貌都有唯一的编码。

②野外操作码有 1～3 位，第一位是英文字母，大小写等价，后面是范围为 0～99 的数字，无意义的 0 可以省略，例如，A 和 A00 等价、F1 和 F01 等价。

③野外操作码后面可跟参数，如野外操作码不到 3 位，与参数间应有连接符 "，" 如有 3 位，后面可紧跟参数，参数有下面几种：控制点的点名；房屋的层数；陡坎的坎高等。

④野外操作码第一个字母不能是 "P"，该字母只代表平行信息。

⑤野外操作码 Y 固定表示圆，以便和老版本兼容。

⑥可旋转独立地物要测两个点以便确定旋转角。

⑦野外操作码如以 "U" "Q" "B" 开头，将被认为是拟合的，所以如果某地物有的拟合，有的不拟合，就需要两种野外操作码。

⑧房屋类和填充类地物将自动认为是闭合的。

⑨房屋类和符号定义文件第 14 类别地物如只测三个点，系统会自动给出第四个点。

⑩对于查不到 CASS 编码的地物以及没有测够点数的地物，如只测一个点，自动绘图时不做处理，如测两点以上按线性地物处理。

（2）内部编码

南方 CASS 软件除了野外操作码外还有内部编码，CASS9.1 绘图部分是围绕着符号定义文件 WOKK. UEF 进行的，文件格式如下：

CASS9.1 编码，符号所在图层，符号类别，第一参数，第二参数，符号说明
……
END

如图 2.30 所示，在 CASS9.1 界面中点击"文件"菜单，在其下拉菜单中点击"CASS 系统配置文件"后，会出现一个对话框。

图 2.30　选择 CASS 系统配置文件

如图 2.31 所示，在弹出的对话框中也可以查看和编辑该文件。

系统配置文件设置

符号定义文件 WORK. DEF ┃ 实体定义文件 INDEX. INI ┃ 简编码定义文件 JCODE. DEF

	编码	图层	类别	第一参数	第二参数	说明
1	131100	KZD	20	gc113	3	三角点
2	131200	KZD	20	gc014	3	土堆上的三
3	131300	KZD	20	gc114	2	小三角点
4	131400	KZD	20	gc015	2	土堆上的小
5	131500	KZD	20	gc257	2	导线点
6	131600	KZD	20	gc258	2	土堆上的导
7	131700	KZD	20	gc259	2	埋石图根点
8	131900	KZD	20	gc260	2	土堆上的埋
9	131800	KZD	20	gc261	2	不埋石图根
10	132100	KZD	20	gc118	3	水准点
11	133000	KZD	20	gc168	3	卫星定位等
12	134100	KZD	20	gc112	2	独立天文点
13	181101	SXSS	6	continuous	0	岸线
14	181102	SXSS	6	x0	0	高水位岸线
15	181106	SXSS	6	continuous	0.1-0.5	单线渐变河
16	181410	SXSS	6	continuous	0	地下河段. 第
17	181420	SXSS	6	1161	0	已明流路地
18	181300	SXSS	6	1161	0	消失河段
19	181200	SXSS	6	x0	0	时令河

添　加　　　删　除　　　保　存　　　退　出

图 2.31　通过"系统配置文件设置"查看内部编码

备注：图 2.31 中所有符号按绘制方式的不同分为 0~20 类，各类别定义如下：

1——不旋转的点状地物，如路灯，第一参数是图块名，第二参数不用。

2——旋转的点状地物，如依比例门墩，第一参数是图块名，第二参数不用。

3——线段（LINE），如围墙门，第一参数是线型名，第二参数不用。

4——圆（CIRCIE），如转车盘，第一参数是线型名，第二参数不用。

5——不拟合复合线，如栅栏，第一参数是线型名，第二参数是线宽。

6——拟合复合线，如公路，第一参数是线型名，第二参数是线宽，画完复合线后系统会提示是否拟合。

7——中间有文字或符号的圆，如蒙古包范围，第一参数是圆的线型名，第二参数是文字或代表符号的图块名，其中图块名需要以"gc"开头。

8——中间有文字或符号的不拟合复合线，如建筑房屋，第一参数是圆的线型名，第二参数是文字或代表符号的图块名。

9——中间有文字或符号的拟合复合线，如假石山范围，第一参数是圆的线型名，第二参数是文字或代表符号的图块名。

10——三点或四点定位的复杂地物，如桥梁，用三点定位时，输入一边两端点和另一边任一点，两边将被认为是平行的；用四点定位时，应按顺时针或逆时针顺序依次输入一边的两端点和另一边的两端点；绘制完成会自动在 ASSIST 层生成一个连接四点的封闭复合线作为骨架线；第一参数是绘制附属符号的函数名，第二参数若为 0，定三点后系统会提示输入第四个点，若为 1，则只能用三点定位。

11——两边平行的复杂地物，如依比例围墙，骨架线的一边是白色，以便区分，第一参数是绘制附属符号的函数名，第二参数是缺省的两平行线间宽度，该值若为负数，运行时将不再提示用户确认默认宽度或输入新宽度。

12——以圆为骨架线的复杂地物，如堆式窑，第一参数是绘制附属符号的函数名，第二参数不用。

13——两点定位的复杂地物，如宣传橱窗，第一参数是绘制附属符号的函数名，第二参数如为 0，会在 ASSIST 层上生成一个连接两点的骨架线。

14——四点连成的地物，如依比例电线塔，第一参数是绘制附属符号的函数名，如不用绘制附属符号则为"0"，第二参数不用。

15——两边平行无附属符号的地物，如双线干沟，第一参数是右边线的线型名，第二参数是左边线的线型名。

16——向两边平行的地物，如有管堤的管线，第一参数是中间线的线型名，第二参数是两边线的距离。

17——填充类地物，如各种植被土质填充，第一参数是填充边界的线型，第二参数若以"gc"开头，则是填充的图块名，否则是按阴影方式填充的阴影名，如果同时填充两种图块，如改良草地，则第二参数有两种图块的名字，中间以"-"隔开。

18——每个顶点有附属符号的复合线，如电力线，第一参数是绘制附属符号的函数名，第二参数若为 1，复合线将放在 ASSIST 层上作为骨架线。

19——等高线及等深线，画前提示输入高程，画完立即拟合，第一参数是线型名，第二参数是线宽。

数字测图实用教程

20——控制点，如三角点，第一个参数为图块名，第二个参数为小数点的位数。

0——不属于上述类别，由程序控制生成的特殊地物，包括高程点、水深点、自然斜坡、不规则楼梯、阳台，第一参数是调用的函数名，第二参数依第一参数的不同而不同。

该文件规定了调用某种地物符号时，该符号的图层、形状、线型、线宽、颜色、是否拟合等参数。

野外操作码和内部编码之间通过一个特定文件进行一一对应转换。CASS9.1 安装目录下专门有一个野外操作码定义文件 jcode.def，该文件是用来描述野外操作码与 CASS9.1 内部编码的对应关系的，用户可用记事本打开并编辑此文件使之符合自己的要求，如图 2.32 所示，其文件格式为：

野外操作码，CASS9.1 内部编码

⋮

END

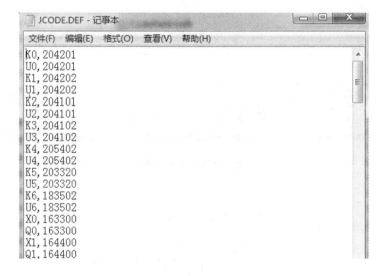

图 2.32　野外操作码与内部码关系

在 CASS9.1 界面中点击"文件"菜单，在其下拉菜单中点击"CASS 系统配置文件"后会出现一个对话框，在该对话框中也可对该文件进行编辑，如图 2.33 所示。

（3）连接关系码

野外采集的数据在编码之后是不能直接成图的。"草图法"是参照草图人工调用相应的地物符号并进行连接。而编码法成图中各个点位之间的连接靠的是这些连接符号，表 2.9 为连接关系符号的具体含义。

（4）点状地物符号码

点状地物符号码主要用来表示各种独立地物。

（5）使用野外操作码进行数据采集

下面我们通过几个例子来看如何使用操作码进行数据采集：

① 对于地物的第一点，操作码 = 地物代码。如图 2.34 中的 1、5 两点（点号表示测点顺序，括号中为该测点的编码，下同）。

图 2.33 利用 CASS 系统配置文件查看和编辑野外操作码和内部编码的关系

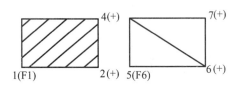

图 2.34 示例 1

② 连续观测某一地物时，操作码为"+"或"−"。

对于地物的第一点，操作码=地物代码，其余按顺序测的同一地物特征点操作码为"+"如图 2.35 中的 8、10 两点，操作码分别为"K1"和"F2"，其余按顺序测的同一地物特征点为编码为"+"。在 CASS 中，连线顺序将决定类似于坎类齿牙线的画向，齿牙线及其他类似标记总是画向连线方向的左边，因而改变连线方向就会改变其画向。

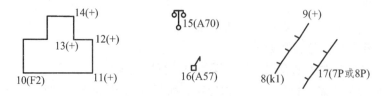

图 2.35 示例 2

③ 交叉观测不同地物时，操作码为"n+"或"n-"。

其中"+"、"-"号的意义同上，n 表示该点应与以上 n 个点前面的点相连（n = 当前点号-连接点号-1，即跳点数），还可用"+A\$"或"-A\$"标识断点，A\$是任意助记字符，当一对A\$断点出现后，可重复使用+A\$字符。如图 2.36 所示。

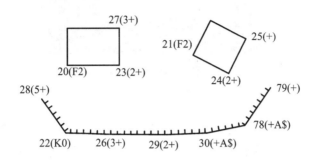

图 2.36 示例 3

④ 观测平行体时，操作码为"P"或"nP"。

其中，"P"的含义为通过该点所画的符号应与上点所在地物的符号平行且同类，"nP"的含义为通过该点所画的符号应与以上跳过 n 个点后的点所在的符号画平行体，对于带齿牙线的坎类符号，将会自动识别是堤还是沟。若上点或跳过 n 个点后的点所在的符号不为坎类或线类，系统将会自动搜索已测过的坎类或线类符号的点。因而，用于绘平行体的点，可在平行体的一边未测完时测对面点，亦可在测完后接着测对面的点，还可在加测其他地物点之后，测平行体的对面点。如图 2.37 所示。

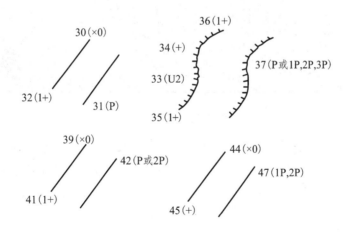

图 2.37 示例 4

在利用全站仪进行数据采集时，虽然全站仪的种类繁多，操作的方法会有所不同，但有一点是相同的，即在测量每个点的三维坐标时，都会有编码（或代码）项，如图 2.38 所示全站仪坐标采集时的画面，只需在编码项中按以上规则输入相应的操作码即可。

图 2.38　在代码中输入野外操作码

（四）地貌测绘

对于一般地区而言，地貌的测绘通常在地物的测绘完成后进行；当然，也可同时进行；而对于一些偏远山区，人工地物很少、甚至没有，往往就只涉及地貌的测绘。

相比较地物特征点的选取，地貌特征点的选取往往是初学者的难点，要准确测绘和反映地貌的实际情况，首先需要对一些典型地貌充分了解，图 2.39 所示是一些典型地貌的形状。

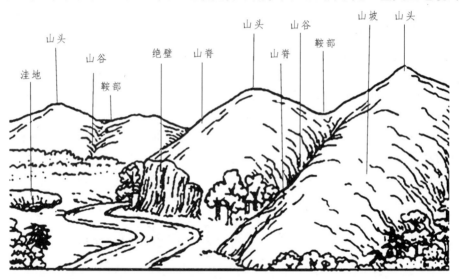

图 2.39　典型地貌

在进行地貌测量时，同样也需要选取地貌的特征点进行采集，地貌特征点指的是地形线方向变化和坡度变化的位置，如图 2.40 所示。立尺点应选择在地形线上坡度发生变化的位置。如所测山体十分巨大、面积广阔，或山体较为圆润，没有典型的地形线，则可按照固定间距的方式进行测量，如高差相差 10 m 左右，平距按比例尺确定，一般在图上间隔为 3～4 cm 内有点即可。

地貌测绘的注意事项：

（1）开始工作前，应先观察地形总貌特征和细貌破碎情况，根据实地情况确定如何处理总貌和细貌的关系以及综合取舍方法；

（2）正确选择立尺点，注意选择地形线的倾斜或方向变换点作为立尺点；

（3）正确掌握立尺的密度，一般在图上间隔为 3～4 cm 内有点；

（4）要及时连接地形线，以构成形象的地貌骨架。

图 2.40　地貌测绘时立尺点的选取

（五）测站操作注意事项

（1）测站应选址在通视良好、便于施测碎部点的地方，图根点应有足够的密度。

（2）当局部地区缺乏图根点时，应按规范中允许的方法增设测站点。

（3）在一般情况下，应保持各测站测绘图形的衔接，避免跳站，并注意相邻站之间接合处的漏绘地物的补测。

（4）在测图过程中应随时检查定向是否正确。

（5）作业中，草图上所有线条、符号和注记应在现场完成。

（6）地物和不用等高线表示的地貌应随测随绘，地形线应及时连接。

（7）每个测站完成后要检查有无错误与遗漏，发现问题及时改正。一般地对相邻测站所测的碎部点应复测 2、3 个。

（8）跑尺员要将棱镜立直，如镜高改变要及时通知观测员。

（9）每天出测前应检查仪器的 $2c$ 值及指标差。当 $2c$ 值大于 $20''$，指标差大于 $1'$ 时应进行校正。

（六）全站仪数据传输

采用全站仪数据采集完毕后应进行数据传输，一般而言，数据传输通常在中午或晚上数据采集的间歇进行，以便对数据进行内业编辑。

1. 数据传输可采用的方法

目前全站仪数据传输的方式主要有：数据线传输、USB 接口或 mini USB 接口传输、SD 卡传输、蓝牙传输等。各种数据传输的具体方法可参考全站仪的说明书。

因其中采用数据线传输的方法仍是目前全站仪数据传输中较为常用的方法，也是初学者最容易出错的方法，本书特对其作简要说明。

2. CASS9.1 软件设置

全站仪数据线通常有两种型号，区别主要在电脑连接端，一种为 9 针串口，另一种为 USB

接口。由于目前市场上的笔记本电脑基本上已不再配置 9 针串口接口，所以 9 针串口数据线通常只能用于台式机。采用数据线传输时，应尽量选择 USB 接口数据线。不过该类型数据线必须安装驱动程序后方可使用，较为简便的方法是将 USB 接口数据线插入笔记本后，利用驱动人生（或驱动精灵）软件自动识别并下载安装相应驱动程序，具体操作方法，在此不做赘述。

数据线插入 USB 端口后，应确定端口号，确定的方法为：右键单击"我的电脑"，在出现的界面中点击"设备管理器"，在弹出的窗口中找到"端口"并点击，会显示如图 2.41 所示内容，括号中的 COM3 即为端口号。

图 2.41　确定端口号

端口号确定后，即可利用各厂商开发的专门传输数据的软件或 CASS9.1 进行数据传输。CASS9.1 对于大部分的全站仪都是支持的，因此建议采用 CASS9.1 进行数据传输。

在 CASS9.1 菜单中点击"数据"，在其下拉菜单中点击"读取全站仪数据"，如图 2.42 所示。

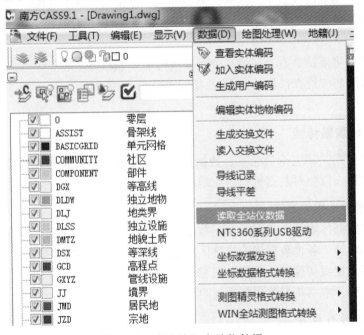

图 2.42　点击读取全站仪数据

数字测图实用教程

如图 2.43 所示，在弹出的窗口中，选择与所用仪器一致的品牌及型号（同一品牌下的仪器并非所有型号都会列出，但列出型号有可能会适用没有列出的型号），然后将通讯口选择和图 2.41 所示一致的端口号，再将波特率、数据位、停止位、校验等参数设置成与仪器中的通讯参数一致，最后点击"CASS 坐标文件"右侧"选择文件"按钮。

图 2.43　CASS9.1 数据传输时参数的设置

如图 2.44 所示，在弹出的对话框中选择 CASS 坐标文件在电脑中的保存路径，并设置文件名称。为方便后期测量数据的管理，建议在给文件命名时，将项目的名称及导出数据的时间（可以准确到 min）一起作为文件名，文件后缀为*.dat。

图 2.44　在电脑中保存数据文件

点击"保存"后，界面返回到图 2.43 参数设置窗口，点击"转换"后，根据提示进行操作即可。

由于全站仪类型较多，本书不针对特定仪器进行说明，各种仪器数据传输的具体操作步骤及方法，读者可参考相关说明书。

3. 数据格式（无码法和有码法）

数据传输后，可利用记事本打开数据文件进行查看和编辑。如图 2.45 和图 2.46 所示，CASS 数据文件的数据格式为：

点名，编码，Y 坐标，X 坐标，高程

⋮

END

每一行表示一个点的坐标数据，其中的"，"须在半角状态也即英文状态下输入。

图 2.45　无码法采集的数据文件

图 2.46　有码法采集的数据文件

需要指出的是，对于外业数据采集的三个大步骤而言，第一步是正确采集数据的前提和基础，如建站时数据输入错误或后视出错将导致所有碎部点的数据出错；第二步是重点，所有数据的质量基本取决于这一步骤；第三步是关键步骤，如果数据无法传输，后续工作将无法开展。

任务四　地形图编辑

任务描述： 利用 CASS9.1 成图软件对所测地形和地貌进行编辑处理。

一、地物编辑流程

数据下载后，便可在 CASS9.1 中进行地形图的编辑，地形图的编辑包括地物的编辑，地貌的编辑处理，地形图的注记及编辑，实体属性的编辑、修改及检查等。

地物编辑主要内容是绘制平面图，不管是有码法还是无码法，其流程大体是相同的，如图 2.47 所示。

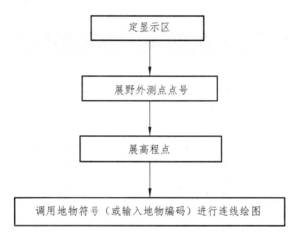

图 2.47　绘制平面图的流程

二、地物编辑方法

根据数据采集方法的差异，地物编辑的方法有所不同，如采用有码法进行数据采集，一般可采用简码识别的方式进行地物编辑；而无码法采用的方法则有引导文件自动成图法和人工交互编辑法。

人工交互编辑法根据定位方式不同又分为两种：测点点号定位成图法和屏幕坐标定位成图法。

注意：为方便初学者练习，以下操作过程均采用 CASS9.1 内置的示例数据，读者可在 CASS9.1 安装目录下的 demo 文件夹中找到。

（一）有码法绘制平面图

有码法绘制平面图可采用简码识别法，具体方法如下：

1. 定显示区

定显示区的作用是根据输入坐标数据文件的数据大小定义屏幕显示区域的大小，以保证所有点可见。

如图 2.48 所示，点击菜单栏中的"绘图处理"，在下拉菜单中点击"定显示区"。

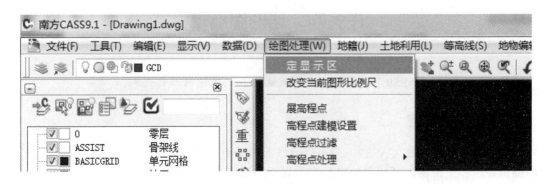

图 2.48　点击"绘图处理"，在下拉菜单中点击"定显示区"

在弹出的对话框中，找到 CASS 安装目录下的 demo 文件，选择"YMSJ.DAT"文件，如图 2.49 所示。

图 2.49　输入坐标文件定显示区

点击"打开"按钮，在命令显示区出现如图 2.50 所示数据。

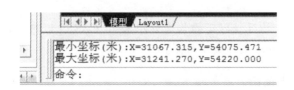

图 2.50　显示区的数据

2. 展野外测点点号

展野外测点点号的作用是将全站仪所测碎部点按其坐标以点号的形式显示在屏幕上。方法是点击菜单栏中的"绘图处理"，在下拉菜单中点击"展野外测点点号"。设置绘图的比例尺，如 1∶500，如图 2.51 所示。

图 2.51　在方框中输入比例尺分母

3. 展高程点

展高程点的作用是将全站仪所测碎部点按其坐标以高程的形式显示在屏幕上。方法是点击菜单栏中的"绘图处理",在下拉菜单中点击"展高程点"。在设定注记高程点的距离时,可选择"直接回车全部注记",将所有高程点展绘在屏幕上,否则将按照输入的数字进行过滤。如图 2.52 所示。

图 2.52　展绘所有高程点

4. 简码识别

简码识别的作用是将带简编码的坐标数据文件转换成计算机能识别的程序内部码(又称绘图码)。点击菜单栏中的"绘图处理",在下拉菜单中点击"简码识别",在弹出的对话框中,找到 CASS 安装目录下的 demo 文件,选择带简编码的数据文件"YMSJ.DAT",系统自动根据简码调用程序内部码进行绘图。当提示区显示"简码识别完毕!"时,同时在屏幕显示区绘出平面图,如图 2.53 所示。

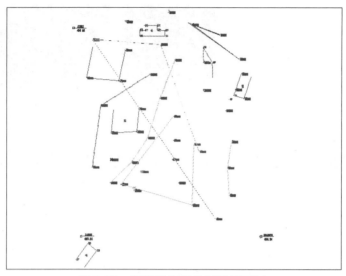

图 2.53　经简码识别绘制的平面图

（二）无码法绘制平面图

无码法绘制平面图可采用引导文件自动成图法或人工交互编辑法。

1. 引导文件自动成图法

该方法也称为"编码引导文件 + 无码坐标数据文件自动绘图法"。它是用户在草图法采集的坐标文件的基础上，参照草图并利用简编码编辑生成一个引导文件，引导文件可由记事本生成，保存时后缀改为*.YD 即可（文件名称最好与坐标数据文件名称一致）；也可在"编辑"下拉菜单中选择"编辑文本文件"项，系统弹出如图 2.54 所示对话框，选择 WMSJ.YD 文件，按照后述的数据格式对该文件进行编辑后另存即可。

图 2.54　编辑文本对话框

如图 2.55 所示，引导文件的数据格式为：Code，N1，N2，…，Nn。引导文件中的每一行描绘一个地物，以简编码开头，描述地物的属性并规定地物符号和线型等，后面为构成该地物的点号，按顺序排列。该方法的最大优点是可以在脱离 CASS 的环境下对平面图进行编辑，具有较大的灵活性。

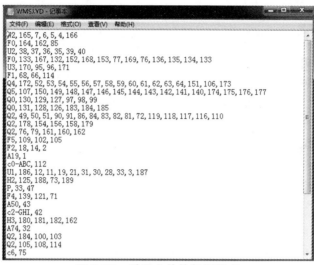

图 2.55　引导文件的数据格式

引导文件自动成图法的操作步骤与有码法基本相同：

（1）定显示区。

（2）展野外测点点号。

（3）展高程点。

注：以上三个步骤与有码法成图相同。

（4）编码引导。

编码引导的作用是将"引导文件"与"无码的坐标数据文件"合并生成一个新的带简编码格式的临时坐标数据文件，系统将通过"简码识别"对这个新的数据文件进行识别并绘制出平面图。

图 2.56　选择 WMSJ.YD 引导文件

选择"绘图处理",在下拉菜单中点击"编码引导",出现如图 2.56 所示对话框;选择 "WMSJ.YD"文件,在出现的对话框(见图 2.57)中,选择"WMSJ.DAT"文件。

图 2.57　选择 WMSJ.DAT 坐标数据文件

系统会根据这两个文件自动生成平面图,当提示窗出现"编码引导完毕!"时,会出现如图 2.58 所示图形。

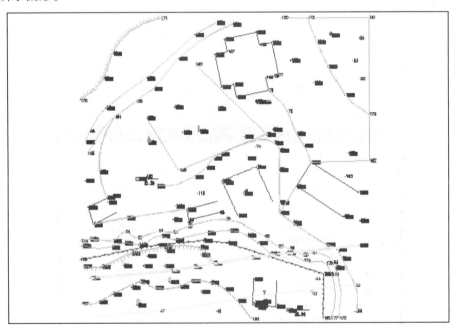

图 2.58　编码引导生成的平面图

2. 人工交互编辑法

人工交互编辑法是在内业绘制平面图时,参照外业测图时所绘草图,移动鼠标在屏幕右侧菜单区选择相应的地形图图式符号,然后在屏幕中通过手动输入点号或移动鼠标进行坐标定位将所有地物绘制出来。根据定位方式的不同可分为测点点号定位成图法和屏幕坐标定位成图法，这两种方法前三个步骤基本相同，只有绘制平面图时不同，另外这两种方法在绘图过程中可以进行切换。下面以 CASS9.1 内置的示例文件"YMSJ.DAT"为例进行说明，外业工作草图如图 2.59 所示。

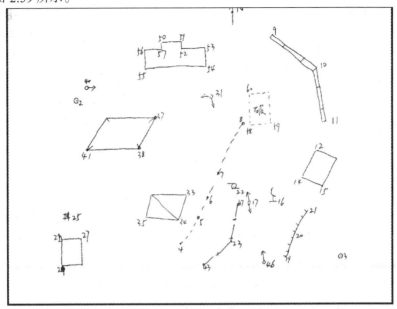

图 2.59　外业工作草图

1）测点点号定位成图法

（1）定显示区

方法与"简码识别法"相同。

（2）选择测点点号定位成图/展野外测点点号

点击屏幕右侧菜单区的"坐标定位"按钮，即出现如图 2.60 所示标签；选择"点号定位"标签，出现如图 2.61 所示对话框，选择"YMSJ.DAT"数据文件并打开。

图 2.60　选择"点号定位"标签

图 2.61　选择 "YMSJ.DAT" 数据文件

如图 2.62 所示，屏幕上将展绘出文件中碎部点的点号，如无点号显示在屏幕上，可进行 "展绘野外测点点号"，展绘点号并设置绘图比例尺。

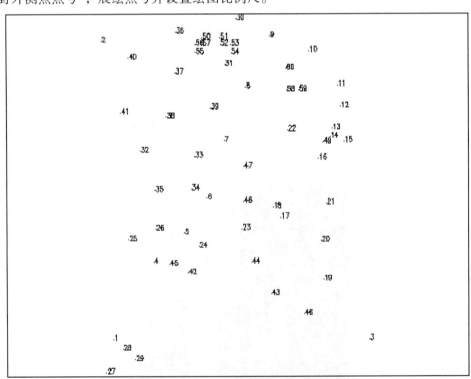

图 2.62　展绘点号（点号前的小圆点为测点位置）

（3）展绘高程点

方法同"简码识别法"。当然，高程点也可在绘完平面图后进行展绘，以免影响读图。由于高程点和点号默认颜色为红色，为便于区分，绘图者可在图层管理中根据情况将图层颜色进行调整——高程点及点号所在图层分别为"GCD"和"ZDH"。

（4）参照草图绘制平面图

由草图可知，33、34、35 为一幢简易房屋，点击屏幕右侧菜单区中"居民地"标签，选择"普通房屋"的子标签，出现如图 2.63 所示对话框。

图 2.63　普通房屋下的地物符号

选择其中的"四点简单房屋"，命令行出现如图 2.64 所示提示。

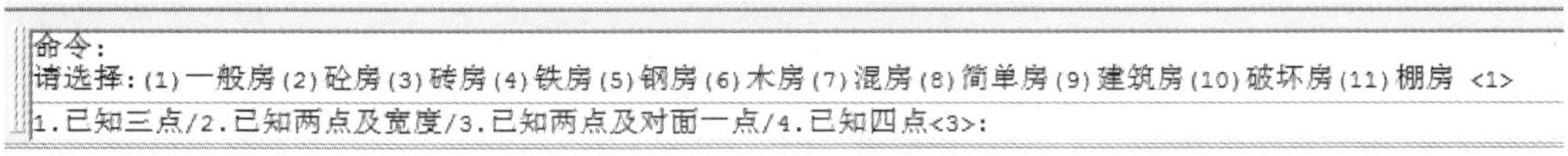

```
命令:
请选择:(1)一般房(2)砼房(3)砖房(4)铁房(5)钢房(6)木房(7)混房(8)简单房(9)建筑房(10)破坏房(11)棚房 <1>
1.已知三点/2.已知两点及宽度/3.已知两点及对面一点/4.已知四点<3>:
```

图 2.64　命令行的提示

输入 3，回车（或直接回车默认选 3）。

说明：已知 3 点，是指测矩形房子时测了 3 个点，连接完后系统会自动添加一点将房屋绘成四边形或矩形；已知 2 点及宽度，是指测矩形房子时测了 2 个点及房子的一条边的长度，连接两点后，系统会要求确定已知宽度边所在的方向（左或右）和宽度，完成后系统自动将房屋绘成矩形；已知 2 点及对面 1 点，是指测矩形房子时测了 2 个点及另外一边上任意 1 点，连接完后系统会自动将房屋绘成矩形；已知 4 点，是指测房子的四个角点，连接完后会保持绘制时的形状。

回车后命令行出现：鼠标定点 P/<点号>。

输入：33，回车。

说明：如输入 P 是指由绘图者根据实际情况临时切换成鼠标定位模式，在用屏幕上鼠标指定一个点（点号前的小圆点，应打开对象捕捉中的节点进行捕捉）；<点号>是指绘制地物符号定位点的点号，就是与草图的点号相对应，该绘图方法使用点号。

命令行出现：鼠标定点 P/<点号>。

输入：34，回车。

命令行出现：鼠标定点 P/<点号>。

输入：35，回车。

这样，即将 33、34、35 号点连成一间普通房屋。

重复上述操作，选择相应的地物符号，将 37、38、41 号点绘成四点棚房；60、58、59 号点绘成四点破坏房子；12、14、15 号点绘成四点建筑中房屋；50、51、52、53、54、55、56、57 号点绘成多点一般房屋；27、28、29 号点绘成四点房屋。同样在"居民地/垣栅"中找到"依比例围墙"的图标，将 9、10、11 号点绘成依比例围墙的符号；在"居民地/垣栅"中找到"篱笆"的图标将 47、23、43 号点绘成篱笆的符号等等。

将所有测点用地图图式符号绘制出来后即可得到如图 2.65 所示的平面图。

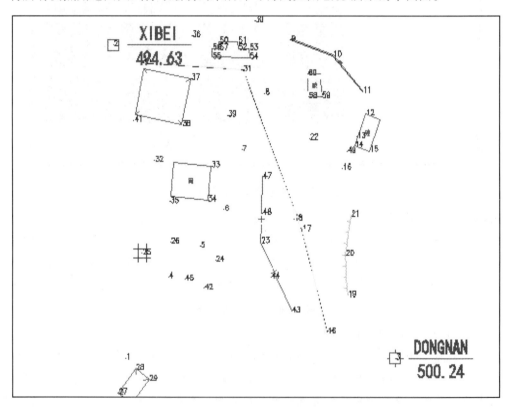

图 2.65　绘好的平面图

在操作的过程中，绘图者可以使用 CAD 的透明命令，如放大显示、移动图纸、删除、文字注记等。

74

2）屏幕坐标定位成图法

屏幕坐标定位成图法也是人工交互编辑中常用的方法，具体作业流程如下：

（1）定显示区，此步操作与"简码自动成图"法作业流程的"定显示区"的操作相同。

（2）选择坐标定位成图法。系统打开时默认为坐标定位方式。如果还在"测点点号"状态下，可选择屏幕右侧菜单区的"坐标定位"标签，选择"坐标定位"。

（3）绘平面图，与"点号定位"法成图流程类似，需先在屏幕上展绘外业测点点号和高程点，根据外业草图，选择相应的地图图式符号在屏幕上将平面图绘出来，区别在于不能通过测点点号进行定位，仍以作居民地为例，选择右侧菜单区"居民地"，在"一般房屋"选择"四点房屋"的图标，图标变亮表示该图标被选中，然后点"确定"。这时系统信息提示：1.已知三点/2.已知两点及宽度/3.已知两点及对面一点/4.已知四点<3>。

输入：3，回车（或直接回车默认选3）。

输入点：选则右侧屏幕菜单中的"物体捕捉方式"图标（见图2.66）。

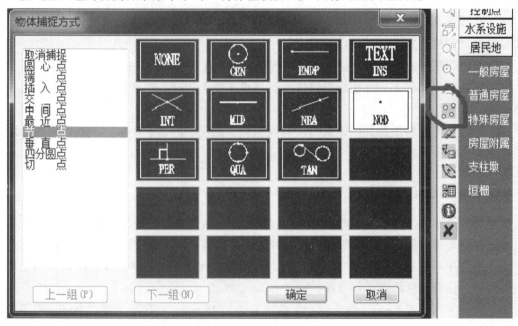

图2.66 选择捕捉方式

在弹出的对话框中选择"节点"，鼠标左键靠近33号点，出现黄色圆形标记（也可在状态栏中点击"对象捕捉"打开CAD的对象捕捉对话框进行设置），点击鼠标左键，完成捕捉工作。

输入点：同上操作捕捉34号点。

输入点：同上操作捕捉35号点。

这样，即将33，34，35号点连成一间普通房屋。

重复上述的操作便可以将所有测点用地图图式符号绘制出来。

三、地形图上各种要素综合表示原则

在进行地形图编辑时，图上各种要素可能会出现压盖、交叉、重合等情况，这时需要考虑地形图上各种要素的综合表示。根据有关规范和图式的规定，地形图上各种要素的综合表示遵循下列原则：

（1）两个地物的中心重合或接近，将较重要的地物准确表示，次要地物位移0.3 mm或缩小1/3表示。

（2）独立地物与房屋、道路、水系等其他地物重合时，中断其他地物符号，间隔0.3 mm，将独立地物完整绘出；两个独立地物相距很近，同时绘出有困难时，将高大突出的准确绘出，另一个位移表示，但应保持相互位置关系。

（3）房屋或围墙等高出地面的建筑物，直接建筑在陡坎与斜坡上的建筑物按正确位置绘出，坡坎无法准确表示时，可移位间隔0.3 mm表示。

（4）悬空建筑在水上的房屋与水涯线重合时，间断水涯线，将房屋照常绘出。

（5）水涯线与陡坎重合时，以陡坎边线代替水涯线；水涯线与斜坡脚线重合时，应在坡脚绘出水涯线。

（6）双线道路与房屋围墙等高出地面的建筑物重合时，以建筑物边线代替路边线。道路边线与建筑物的接头处应间隔0.3 mm。

（7）城市建筑区的电力线、通讯线可不连接，但应在杆塔处绘出连接方向。

（8）公路路堤（堑）应分别绘出路边线与路堤（堑）边线，二者重合时，将其中之一移动0.3 mm表示。

（9）等高线遇到房屋及其他建筑物、双线道路、路堤、路堑、陡坎、斜坡、湖泊、河流以及注记等均应中断表示。

四、地形图注记及编辑

在绘制平面图的过程中，或者在完成平面图的绘制后，需要对地物进行相应的注记。

注记包括地理名称注记、说明注记和各种数字注记等。以下为注记的一般规定：

（1）地图中所使用的汉语文字应符合国家通用语言文字的规范和标准。图内使用的地方字应在附注内注明其汉语拼音和读音。

（2）注记字以毫米（mm）为单位，字级级差为0.25 mm；数字字大在2.0 mm以下者其级差为0.2 mm。

（3）注记列有二级以上字大或字大区间的，按地物的重要性和该地物在图上范围的大小选择字大。

（4）注记字列分水平字列、垂直字列、雁行字列和屈曲字列：

水平字列——由左至右，各字中心的连线成一直线，且平行于南图廓。

垂直字列——由上至下，各字中心的连线成一直线，且垂直于南图廓。

雁行字列——各字中心的连线斜交于南图廓，与被注地物走向平行，但字向垂直于南图廓，如山脉名称、河流名称等。当地物延伸方向与南图廓成45°和45°以下倾斜时，由左至右注记；成45°以上倾斜时，由上至下注记，字序如图2.67所示。

屈曲字列——各字字边垂直或平行于线状地物，依线状的弯曲排成字列，如街道名称注记、说明注记等。

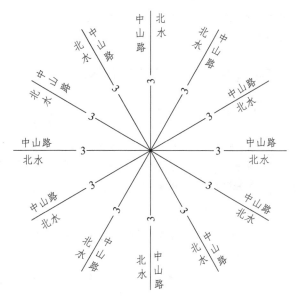

图 2.67　雁形字体注记的方向

（5）注记字隔是一列注记各字间的间隔，分下列三种：

① 接近字隔各字间间隔为 0 mm ~ 0.5 mm。

② 普通字隔各字间间隔为 1.0 mm ~ 3.0 mm。

③ 隔离字隔各字间间隔为字大的 2 ~ 5 倍。

注记字隔的选择是按该注记所指地物的面积或长度大小而定，各种字隔在同一注记的各字中均应相等，为便于读图，一般最大字隔不超过字大的 5 倍，地物延伸较长时，在图上可重复注记名称。

（6）注记字向一般为字头朝北、图廓直立，但街道名称、公路等级其字向按图 2.67 所示。

各种地物的详细注记方法可参考《1∶500　1∶1 000　1∶2 000 地形图图式》（GB/T 20257.1—2007）。

在 CASS9.1 右侧屏幕菜单区中提供了文字注记功能，对于一些常用文字，如图 2.68 所示，可通过点击右侧屏幕菜单区中"文字注记/常用文字"进行调用。

图 2.68　调用常用文字

如需对地物进行特定注记可用鼠标左键点取右侧屏幕菜单的"文字注记/通用注记"项，弹出如图 2.69 的界面，在注记内容中输入相应内容，如：红土村。

图 2.69　通用注记对话框

也可根据需要对字体、字形等进行重新定义。如鼠标左键点取右侧屏幕菜单的"文字注记/变换字体"，弹出如图 2.70 所示对话框，可选取合适字体进行注记。

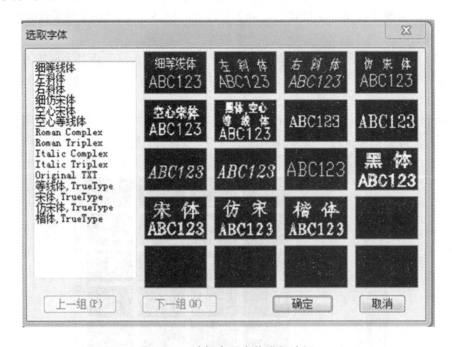

图 2.70　选择合适字体进行注记

通过点击"文字注记/定义字形"，弹出如图 2.71 所示对话框，可对全局性的字形进行定义。

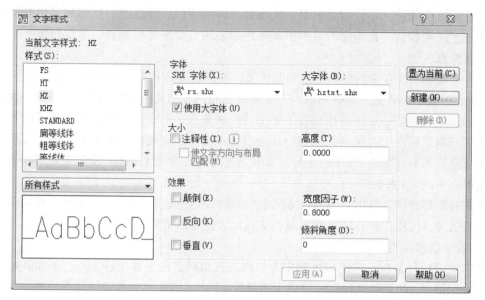

图 2.71　定义全局性的文字样式

五、地貌编辑处理

（一）数字地面模型（DTM）和数字高程模型（DEM）

1. DTM 和 DEM 的区别与联系

地形图中要完整表示地表形状，除了要准确绘制地物外，还要准确表示出地貌起伏。在现代的地形图中，地形起伏（地貌）通常是用等高线来表示的。传统平板测图等高线是由手工描绘点，等高线可以描绘得比较圆滑，但精度稍低。在数字化自动成图系统中，等高线是由计算机自动勾绘的，生成的等高线精度相当高。

在数字地形图中绘等高线之前，必须先用野外测绘的高程点建立数字地面模型（DTM），然后才能在数字地面模型上生成等高线。

1）数字地面模型（DTM）

1956 年，美国麻省理工学院 Miller 教授在研究高速公路自动设计时首次提出数字地面模型（Digital Terrain Model，DTM）。20 世纪 60 ~ 70 年代，很多学者为解求 DTM 上任一点的高程，进行了大量研究，并提出了多种实用的内插算法。20 世纪 80 年代以来，对 DTM 的研究与应用已涉及 DTM 系统的各个环节。

数字地面模型（DTM）是地形起伏的数字表达，它由对地形表面取样所得到的一组点的 $(x、y、z)$ 坐标数据和一套对地面提供的连续描述算法组成，是在一定区域内规则方格网或三角网点的平面坐标 (x, y) 和其地物性质构成的数据集合。这个数据集合从微分角度三维地描述了该区域地形地貌的空间分布。简单地说，DTM 是按一定结构组织在一起的数据组，代表地形特征的空间分布。

根据数据获取方法的不同，DTM 的数据来源可以分为以下四种：

（1）野外实地测量。在实地直接测量地面点的平面位置和高程。一般使用全站仪进行观测。

（2）在现有地形图上采集。现在常用的方法是使用扫描装置采集。

（3）从摄影测量立体模型上采集。大多数立体测图仪、解析测图仪的数字化系统都能从遥感像片上采集数据。自动化的摄影测量系统则采用自动影像相关器，沿着扫描断面产生高密度的高程点。

（4）由遥感系统直接测得。航空和航天飞行器搭载雷达和激光测高仪获得的数据。

DTM 的表示形式主要包括两种：不规则的三角网（TIN）和规则的矩形格网（GRID）。不规则的三角网，按一定规则连接每个地形特征采集点，形成一个覆盖整个测区的互不重叠的不规则三角形格网。其优点是地貌特征点表达准确，缺点是数据量太大。目前大部分数字测图系统都采用不规则的三角网（TIN），如南方 CASS 在生成 DTM 时实际上是用高程点生成不规则的三角网（TIN）。

规则的矩形格网，是用一系列在方向上等间隔排列的地形点高程 z 表示。其优点是存储量小，易管理，应用广泛，缺点是不能很准确地表达地形结构的细部。

2）数字高程模型（DEM）

数字地面模型是在一定区域内规则方格网或三角网点的平面坐标（x, y）和其地物性质构成的数据集合，如果此地物性质是该点的高程 $z(H)$，则此时的数字地面模型便称为数字高程模型（DEM）。

数字高程模型（Digital Elevation Model，DEM）是在高斯投影平面上规则格网点的平面坐标（x, y）及其高程（z）的数据集。DEM 的水平格网间距可随地貌类型的不同或实际工程项目的要求而改变。在南方 CASS 中后期处理三维模型采用的则是该方法。

与传统地形图比较，DEM 作为地形表面的一种数字表达形式具有以下特点：

（1）精度不会损失。常规地形图随着时间的推移，图纸将会变形，失掉原有的精度。而 DEM 采用数字媒介，因而能保持精度不变。另外，由常规地形图用人工方法制作其他种类的地形图，精度会受到损失；而由 DEM 直接输出，精度可得到保证。

（2）容易以多种形式显示地形信息。地形数据经过计算机软件处理后，能产生多种比例尺的地形图、纵横断面图和立面图。而常规地形图一经制作完成后，比例尺不容易改变，改变或者绘制其他形式的地形图，则需要人工处理。

（3）容易实现自动化、实时化。常规地形图要增加和修改都必须重复相同的工作，劳动强度大而且周期长，不利于地形图的实时更新。而数字形式的 DEM，当需要增加或改变地形信息时，只需将修改信息直接输入到计算机，经过软件处理后立即可产生实时化的各种地形图。

2. 数字地面模型（DTM）建立步骤

数字地面模型（DTM）的测量制作过程概括如下：首先，按一定的测量方法（如野外直接测量、室内立体摄影测量等），在测区内测量一定数量离散点的平面位置和高程，这些点称为控制点（数据点或参考点）；然后，以控制点为网络框架，在其中内插大量的高程点，内插是由计算机根据一定的计算公式并依照某种规则图形（如方格网）求解的。控制点和内插点的平面位置和高程数据的总和，即该测区的数字地面模型。它以数字的形式表示了该测区地貌形态的平面位置，即点的 x 坐标表示平面位置，z 坐标表示地面特征。

3. 数据预处理

获得建立数字地面模型（DTM）所需的数据来源后，应当进行 DTM 数据预处理。DTM 的数据预处理是 DTM 内插前的准备工作，它是整个数据处理的一部分，它一般包括数据格式转换、坐标系统变换、数据编辑、栅格数据的矢量化转换和数据分块等内容。如果数据采集的软件具有数据预处理的相关功能，数据预处理相关内容也可以在数据采集的时候同时进行。

1）格式转换

因为数据采集的软、硬件系统各不相同，所以数据的格式也可能不相同。常用的数据代码有 ASCII 码、BCD 码和二进制码。每一记录的各项内容及每项内容的数据类型，所占位数也可能各不相同。在进行 DTM 数据内插前，要根据内插软件的要求，将各种数据转换成该软件所要求的格式。

2）坐标变换

在进行 DTM 数据内插前，要根据内插软件的要求，将采集的数据转换到地面坐标系下。地面坐标系一般采用国际坐标系，也可以采用局部坐标系。

3）数据编辑

将采集的数据用图形方式显示在计算机屏幕上，作业人员根据图形交互式地剔除错误的、过密的、重复的点，发现某些需要补测的区域并进行补测，对断面扫描数据，还要进行扫描系统误差的改正。

4）栅格数据转换为矢量数据

若 DTM 的数据来源是由地图扫描数字化仪获取的地图扫描影像，其得到的是一个灰度阵列。首先要进行二值化处理，再经过滤波或形态处理，并进行边缘跟踪，获取等高线上按顺序排列的点坐标，即矢量数据，供以后建立 DTM 使用。

5）数据分块

由于数据采集方式不同，数据的排序顺序也不同。例如：等高线数据是按各条等高线采集的先后顺序排列的，但内插时，待定点常常只与其周围的数据点有关，为了能在大量的数据点中迅速查找到所需要的数据点，必须要将数据进行分块。一般情况下，为了保证分块单元之间的连续性，相连单元间要有一定的重叠度。

6）子区边界选取

根据离散的数据点内插规则格网 DTM，通常是将测区地面看作为一个光滑的连续曲面。但实际上，地面上存在各式各样的断裂线，例如：陡坎，山崖和各种人工地物，使得测区地面并不光滑，这就需要将测区地面分成若干个子区，使每个子区的表面为一个连续光滑曲面。这些子区的边界由特征线与测区的边界线组成，使用相应的算法进行提取。

4．数据内插

数字地面模型（DTM）的表示形式主要包括不规则的三角网和规则的矩形格网。在实际生产中，最常用的是规则矩形格网的数字高程模型（DEM）。格网通常是正方形，它将区域空间切分为规则的格网单元，每个格网单元对应一个二维数组和一个高程值。用这种方式描述地面起伏称为格网数字高程模型。

数字高程模型（DEM）的数据内插就是根据参考点（已知点）上的高程求出其他待定点上的高程，在数学上属于插值问题。由于所采集的原始数据排列一般是不规则的，为了获得规则格网的 DEM，内插是必不可少的过程。内插的方法很多，但任何一种内插方法都认为邻近的数据点之间存在很大的相关性，这才有可能由邻近的数据点内插出待定点的数据。对于一般地面，连续光滑条件是满足的，但大范围内的地形是很复杂的，因此整个测区的地形很可能不能像通常的数学插值那样用一个多项式来拟合，而应采用局部函数内插。需要将整个测区分成若干分块，对各个分块根据地形特征使用不同的函数进行拟合，并且要考虑相连分块函数间的连续性。对于不光滑甚至不连续的地表面，即使是在一个计算单元内，也要进一步分块处理，并且不能使用光滑甚至连续条件。DEM 数据内插的方法很多，比如由三角网、等高线转换为格网 DEM。

5. 数据存储

经内插得到的数字高程模型（DEM）数据需要用一定的结构和格式存储起来，便于各种应用。通常以图幅为单位建立文件。文件头存放有关的基础信息，包括数据记录格式、起点（图廓的左下角点）平面坐标、图幅编号、格网间隔、区域范围、原始资料有关信息、数据采集仪器、采集的手段和方法、采集的日期与更新日期、精度指标等。

各网点的高程是 DEM 数据主体。对小范围的 DEM，每一记录为一点高程或一行高程数据。但对于较大范围的 DEM，其数据量较大，一般采用数据压缩的方法存储数据。除了格网点高程数据外，文件中还应存储该地区的地形特征线、特征点的数据，它们可以用向量方式存储，也可以用栅格方式存储。

DTM 是建立地形数据库的基本数据，可以用来制作等高线图、坡度图、专题图等多种图解产品。DTM 作为一种新兴的数字产品，与传统的矢量数据相辅相成，在空间分析和决策方面发挥着越来越大的作用。借助计算机和地理信息系统软件，DTM 数据可以用于建立各种各样的模型解决一些实际问题。其主要的应用有：按用户设定的等高距生成等高线图、透视图、坡度图、断面图、渲染图，与数字正射影像 DOM 复合生成景观图，或者计算特定物体对象的体积、表面覆盖面积等，还可用于空间复合、可达性分析、表面分析、扩散分析等方面。

一般而言，地貌编辑通常在地物编辑完成后进行，这里假定地物编辑已经完成或该地区为偏远山区，无需进行地物编辑。图 2.72 所示是使用 CASS9.1 自动生成等高线进行地貌编辑的主要流程。所有操作数据以 CASS9.1 安装目录下 demo 文件夹中的 Dgx.dat 文件为例。

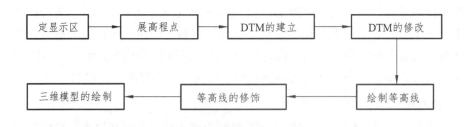

图 2.72　地貌编辑的流程

（二）数字地面模型（DTM）的建立

定显示区和展高程点方法与地物编辑一样，将 CASS9.1 安装目录下 demo 文件夹中的 Dgx.dat 文件中的数据展绘后，将出现如图 2.73 所示图形。

点击选择菜单栏"等高线"，在下拉菜单中（见图 2.74），选择"建立 DTM"，弹出如图 2.75 所示对话框。

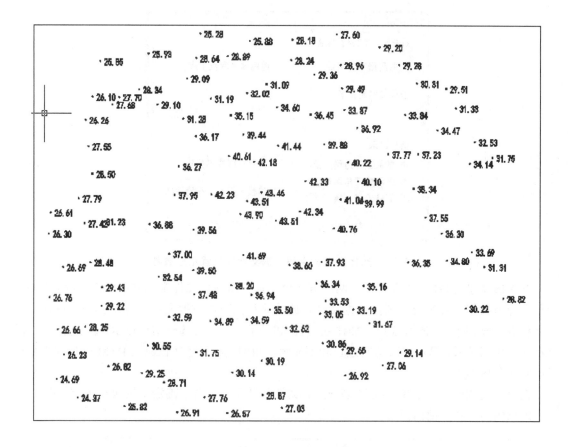

图 2.73　屏幕上展绘的高程点

图 2.74　"等高线"下拉菜单

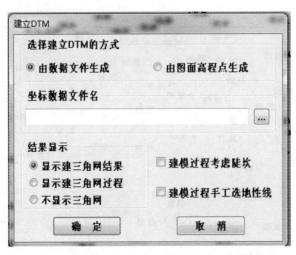

图 2.75　选择建模的高程数据文件并设置相应参数

　　首先选择建立 DTM 的方式，有两种方式可选择：由数据文件生成和由图面高程点生成。如果选择由数据文件生成，则按数据文件存放的路径找到该数据文件并点击打开；选择由图面高程点生成，则在绘图区选择参加建立 DTM 的高程点。然后选择结果显示，显示分为三种：显示建三角网结果，显示建三角网过程和不显示三角网。最后选择在建立 DTM 的过程中是否考虑陡坎和地形线。

　　选择"由数据文件生成"找到 Dgx.dat 文件并打开，点击"确定"按钮，生成如图 2.76 所示的三角网（数字地面模型）。

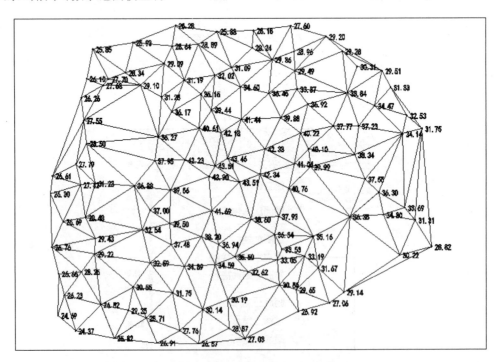

图 2.76　建立的三角网（数字地面模型）

　　对于初学者，可查看该数字地面模型（三角网）的三维视图，方法是在"显示"的下拉菜单中点击"三维动态显示",如图 2.77 所示。

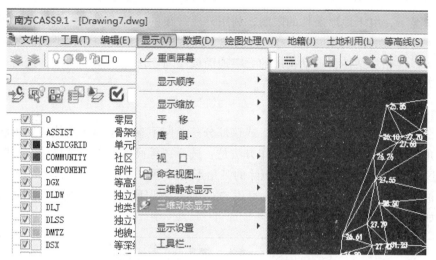

图 2.77　"显示"的下拉菜单

在屏幕中移动鼠标,可查看该数字地面模型(三角网)的三维视图,如图 2.78 所示。

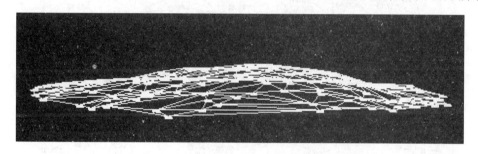

图 2.78　数字地面模型(三角网)的三维视图

在"显示"的下拉菜单中点击"三维静态显示"/"平面视图"/"当前 UCS"可退回到平面视图,如图 2.79 所示。

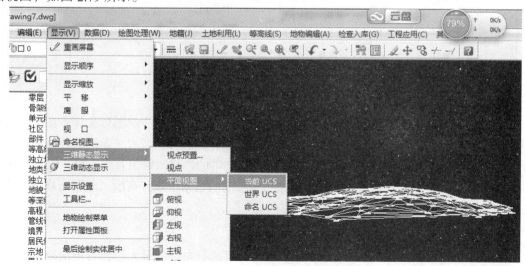

图 2.79　退回平面视图

（三）数字地面模型（DTM）修改

一般情况下，由于地形条件的限制，利用外业采集的碎部点很难一次性生成理想的等高线，如由于楼顶上的控制点影响，楼房所在区域生成的等高线将与山包类似。另外，因为现实地貌的多样性和复杂性，自动构成的数字地面模型与实际地貌不太一致，这时可以通过修改三角网来修改这些局部不合理的地方。

1. 删除三角形

如果在某局部内没有等高线通过，或该部分三角网不参与生成等高线，则可将与该区域相关的三角形删除。删除三角形的操作方法是：选择"等高线"下拉菜单的"删除三角形"项，命令区提示选择对象，选择好要删除的三角形后（可同时选取若干个三角形），按回车键便可删除被选中的三角形，如果误删，可用"u"命令将误删的三角形恢复。删除局部三角形后的视图如图 2.80 所示。

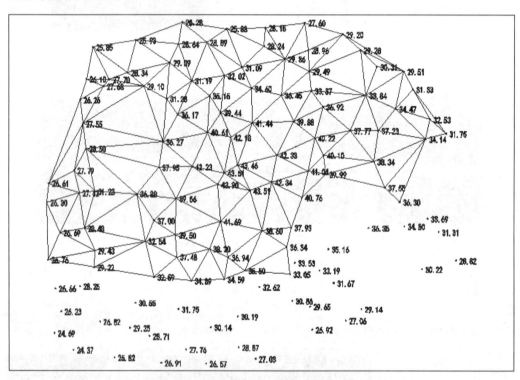

图 2.80　删除部分三角网后的视图

由于 CASS9.1 在建立 DTM 时，会在坐标数据所在的文件夹中或图形文件所在文件夹中保存一个与数据文件同名或图形文件同名、后缀为*.sjw 的文件，所有三角网的数据都存储在该文件中。删除三角形后需要点击"等高线"下拉菜单的"修改结果存盘"项，以保存所做修改，如图 2.81 所示。否则系统仍以未删除三角形前的数据生成等高线，即图已修改而数据未改。所有对三角网的修改均需"修改结果存盘"。

2. 过滤三角形

可根据用户需要输入符合三角形中最小角的度数或三角形中最大边长与最小边长的最大倍数等条件。如果出现 CASS9.1 在建立三角网后无法绘制等高线的情况，可过滤掉部分形状特殊的三角形。另外，如果生成的等高线不光滑，也可以用此功能将不符合要求的三角形过滤掉，再重新生成等高线。

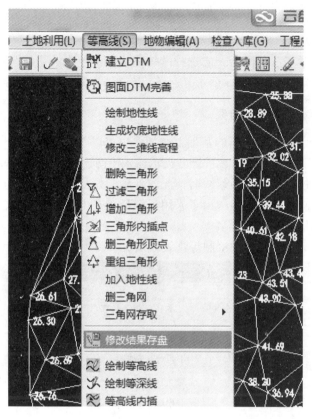

图 2.81　修改结果存盘

3. 增加三角形

如果要增加三角形时，可选择"等高线"菜单中的"增加三角形"项，依照屏幕的提示在要增加三角形的地方用鼠标点取，如果点取的地方没有高程点，系统会提示输入高程。

4. 三角形内插点

选择此命令后，可根据提示输入要插入的点：在三角形中指定点（可输入坐标或用鼠标直接在屏幕上点取）。提示"高程（米）="时，输入此点高程。通过此功能可将此点与相邻的三角形顶点连接构成三角形，同时原三角形会自动被删除。

5. 删除三角形顶点

用此功能可将所有由该点生成的三角形删除。因为一个点会与周围很多点构成三角形，如果手工删除三角形，不仅工作量较大，而且容易出错。这个功能常用在发现某一点坐标错误时，要将它从三角网中剔除的情况下。

6. 重组三角形

指定两相邻三角形的公共边，系统自动将两三角形删除，并将两个三角形的另外两点连接着来构成两个新的三角形，这样做可以改变不合理的三角形连接，如果因三角形的形状特殊而无法重组，会有出错提示。

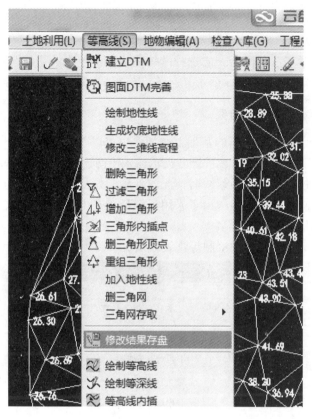

7．删除三角网

生成等高线后就不再需要三角网了，这时如果要对等高线进行处理，三角网会比较碍事，可以用此功能将整个三角网全部删除。

8．修改结果存盘

通过以上命令修改了三角网后，应选择"等高线"菜单中的"修改结果存盘"项，把修改后的数字地面模型存盘，如图 2.81 所示。这样，绘制的等高线不会内插到修改前的三角形内。

（四）绘制等高线并删除三角网

等高线的绘制可以在绘平面图的基础上叠加，也可以在"新建图形"的状态下绘制，如在"新建图形"状态下绘制等高线，系统会提示输入绘图比例尺。CASS9.1 在绘制等高线时，充分考虑到等高线通过地形线和断裂线时情况的处理，如陡坎、陡崖等。CASS9.1 能自动切除通过地物、注记、陡坎的等高线。由于采用了轻量线来生成等高线，CASS9.1 在生成等高线后，文件大小比其他软件小了很多。

点击"等高线"下拉菜单的"绘制等高线"项，会弹出如图 2.82 所示对话框。

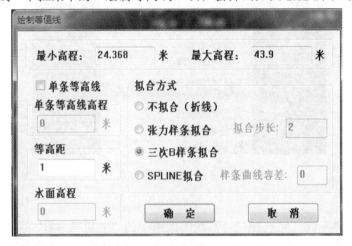

图 2.82　绘制等高线对话框

对话框中会显示参加生成 DTM 的高程点的最小高程和最大高程，如果只生成单条等高线，那么就在单条等高线高程中输入此条等高线的高程；如果生成全部等高线，则需根据比例尺确定等高距，默认为 1 m。

最后选择等高线的拟合方式。拟合方式共有四种：不拟合（折线）、张力样条拟合、三次 B 样条拟合和 SPLINE 拟合。观察等高线效果时，可输入较大等高距并选择不光滑以加快速度。如选拟合方法张力样条拟合，则拟合步距以 2 m 为宜，但这时生成的等高线数据量比较大，速度会稍慢。测点较密或等高线较密时，最好选择方法 3 进行拟合（光滑），也可选择不光滑，过后再用"批量拟合"功能对等高线进行拟合。选择方法 4 则用标准 SPLINE 样条曲线来绘制等高线，提示需输入样条曲线容差：｛0.0｝，容差是曲线偏离理论点的允许差值，可直接回车输入。SPLINE 线的优点在于即使其被断开后仍然是样条曲线，可以进行后续编辑修改，缺点是较选项 3 容易发生线条交叉现象。

当命令区显示："绘制完成！"，便完成绘制等高线的工作。等高线绘制完后应将三角网删除，如图 2.83 所示。

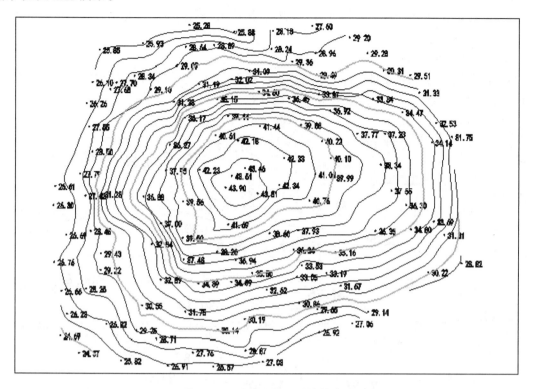

图 2.83　删除三角网后的等高线

（五）等高线修饰

1. 注记等高线

1）单个高程注记

选择"等高线"下拉菜单中"等高线注记"的"单个高程注记"项。

命令区提示：选择需注记的等高（深）线。

移动鼠标至需要注记高程的等高线位置，选择如图 2.84 所示位置 A 并确认。

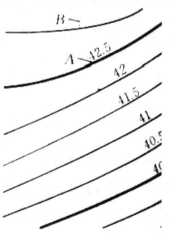

图 2.84　单个等高线的注记

依法线方向指向相邻一条等高（深）线；移动鼠标至等高线位置 *B* 并确认。等高线的高程值即自动注记在 *A* 处，且字头朝 *B* 处。这种方法适用于只需少量注记高程或不便批量注记高程的情况。

2）沿直线高程注记

该方法适用于对一组近似平行的等高线进行高程注记。首先在需要注记的等高线位置从低处往高处绘制一条直线，如图 2.85 所示直线 *AB*。

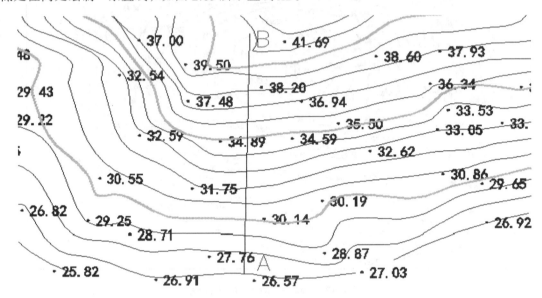

图 2.85　由低往高绘制一条直线

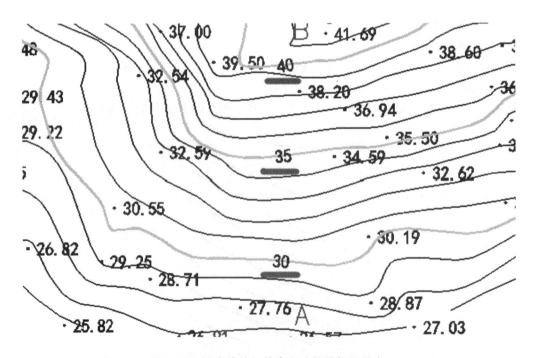

图 2.86　沿直线注记的高程（粗线标记处）

然后选择"等高线"下拉菜单中之"等高线注记"的"沿直线高程注记"项，在命令区选择"只处理计曲线"（通常只注记计曲线），鼠标选择直线 AB，直线 AB 消失，系统会自动在直线与计曲线交叉处注记高程，如图 2.86 所示。

由图 2.86 可以看出，生成等高线并注记后，等高线将与高程注记发生压盖；如之前绘有其他地物，等高线将穿过其他地物，如房屋、河流、道路等，针对上述情况，需要进行等高线修剪、切除指定二线间等高线及切除指定区域内的等高线等操作，使图面更加合理、美观。

2. 等高线修剪

选择"等高线/等高线修剪/批量修剪等高线"会弹出如图 2.87 所示对话框。

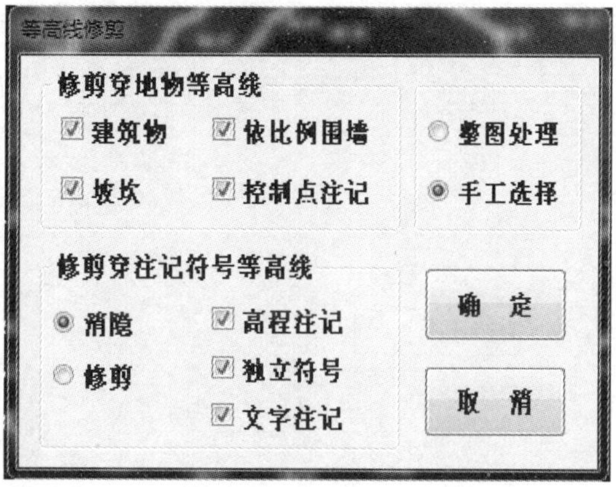

图 2.87　等高线修剪对话框

首先选择是消隐还是修剪等高线，然后选择是整图处理还是手工选择需要修剪的等高线，最后根据图面情况选择与等高线发生交叉、压盖等情况的地物和注记符号类别，单击确定后会根据输入的条件修剪等高线。

3. 切除指定两线间等高线

该方法适用于等高线穿过河流或双线道路等地物的情况。

选择"等高线/等高线修剪/切除指定二线间等高线"，命令区提示：选择第一条线。

用鼠标指定一条线，例如选择公路的一边。命令区提示：选择第二条线。

用鼠标指定第二条线，例如选择公路的另一边。程序将自动切除等高线穿过此二线间的部分。

4. 切除指定区域内等高线

该方法适用于等高线穿过一些特殊区域的情况，需要先在该区域绘制一条封闭的复合线。

选择"等高线/等高线修剪/切除指定区域内等高线"，命令区提示：选择一封闭复合线，鼠标选择该复合线，系统将该复合线内所有等高线切除。

（六）三维模型绘制

建立了 DTM 之后，就可以生成三维模型，观察该区域的立体效果，并可进行特定物体对象的体积、表面覆盖面积等计算，还可用于空间复合、可达性分析、表面分析、扩散分析等方面的应用。

选择"等高线/三维模型/绘制三维模型"项，在弹出的对话框中选择高程数据文件（如"Dgx.dat"）并打开，命令行提示：输入高程乘系数<1.0>。输入 5（说明：如果采用默认值，建成的三维模型与实际情况一致。如果测区内的地势较为平坦，可以输入较大的值，将地形的起伏状态放大。本图坡度变化不大，输入高程乘系数将其夸张显示）。

命令行提示：输入格网间距<8.0>。输入 2（默认为 8 m，输入的值越小，精度越高，生成的三维模型也越细腻），系统自动将绘图区域按 2 m×2 m 的间距生成方格网，并以平面图（俯视图）的形式出现在屏幕上，如图 2.88 所示。

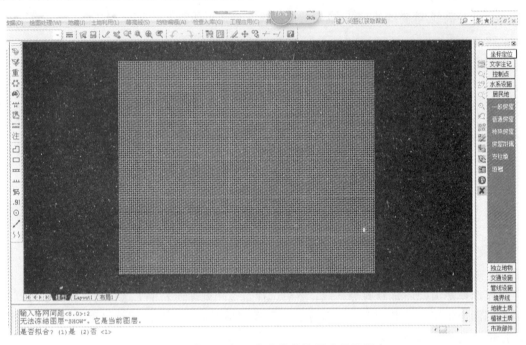

图 2.88　按 2 m 间距生成的方格网（俯视图）

命令行提示：是否拟合？（1）是；（2）否；<1>。

回车，默认选<1>，拟合。这时将显示此数据文件的三维模型，如图 2.89 所示。

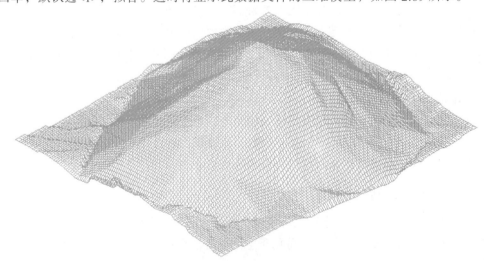

图 2.89　绘图区域的三维效果

利用"等高线/三维模型/低级着色方式（或高级着色方式）"功能还可对三维模型进行渲染等操作，图 2.90 为三维模型经过高级着色方式渲染的效果。

图 2.90　三维模型经过高级着色方式渲染的效果

对着色渲染过的三维模型，还可以利用"显示"菜单下的"三维静态显示"功能转换角度、视点、坐标轴对三维模型进行查看，而利用"显示"菜单下的"三维动态显示"功能则可以绘出更高级的三维动态效果。

六、实体属性检查、编辑及修改

数字地形图作为 GIS 的重要信息源，在图形数据最终进入 GIS 系统的形势下，对于实体本身的一些属性必须做具体的描述和说明，因此给实体增加了一个附加属性，该属性可以由用户根据实际的需要进行设置和添加。同时由于数字测图软件与 GIS 在开发环境、数据格式、图层设置、属性编码等各方面存在巨大的差异，数字地形图进入 GIS 系统（俗称入库）时必须保证所有实体的编码、属性、拓扑关系等能满足 GIS 系统的要求。因此在绘制完地形图后，必须进行实体属性的检查、编辑及修改达到入库的标准。

1. 图形实体检查与修改

选取"检查入库"下拉菜单选项，选择"图形实体检查"，弹出如图 2.91 所示对话框，选择需要检查的项目后点击"检查"按钮，系统执行检查，完成后在屏幕左侧显示检查结果，同时将检查结果存放在记录文件中。再次选取"检查入库"下拉菜单选项，选择"图形实体检查"，点击"批量修改"或"逐个修改"按钮，可以批量或逐个修改检查出的错误。

图 2.91　图形实体检查对话框

2．对话框中各项说明

（1）编码正确性检查：检查地物是否存在编码，类型正确与否。

（2）属性完整性检查：检查地物的属性值是否完整。

（3）图层正确性检查：检查地物是否按规定的图层放置，防止误操作。例如，一般房屋应该放在"JMD"层，如果放置在其他图层，系统就会报错，并对此进行修改。

（4）符号线型线宽检查：检查线状地物所使用的线型是否正确。例如，陡坎的线型应该是"10421"，如果用了其他线型，程序将自动报错。

（5）线自相交检查：检查地物之间是否相交。

（6）高程注记检查：检核高程点图面高程注记与点位实际的高程是否相符。

（7）建筑物注记检查：检核建筑物图面注记与建筑物实际属性是否相符，如材料、层数。

（8）面状地物封闭检查：此项检查是面状地物入库前的必要步骤。用户可以自定义"首尾点间限差"（默认为 0.5 m），程序自动将没有闭合的面状地物将其首尾强行闭合：当首尾点的距离大于限差，则用新线将首尾点直接相连，否则尾点将并到首点，以达到入库的要求。

（9）复合线重复点检查：复合线的重复点检查旨在剔除复合线中与相邻点靠得太近又对复合线的走向影响不大的点，从而达到减少文件数据量，提高图面利用率的目的。用户可以自行设置"重复点限差"（默认为 0.1 m），执行检查命令后，如果相邻点的间距小于限差，则程序报错，并自行修改。

七、地物编辑

在大比例尺数字测图的过程中，由于实际地形、地物的复杂性，往往会造成漏测、错测的情况，因而对图形的编辑就显得很有必要。对所测地图进行屏幕显示及人机交互图形编辑，在保证精度的情况下消除相互矛盾的地形、地物，对于漏测或错测的部分，及时进行外业补测或重测。另外，对于地图上的许多文字注记说明，如：道路、河流、街道等也是很重要的，对于标记错误的文字注记也需要进行改正。

图形编辑的另一个重要用途是对大比例尺数字化地图的更新，可以借助人机交互图形编辑，根据实测坐标和实地变化情况，随时对地物、地貌进行增加或删除、修改等，以保证地图具有很好的现势性。

对于图形的编辑，CASS9.1提供了"编辑"和"地物编辑"两种下拉菜单。

其中，"编辑"是由AutoCAD提供的，功能包括：图元编辑、删除、断开、延伸、修剪、移动、旋转、比例缩放，复制、偏移拷贝等；"地物编辑"是由南方CASS系统提供的针对地物的编辑功能，包括：线形换向、植被填充、土质填充、批量删剪、批量缩放、窗口内的图形存盘、多边形内图形存盘等。

对于常用的一些功能，如：图形重构（对骨架线的重构）、改变比例尺、查看及加入实体、线型换向、坐标转换及测站纠正等，由于数量太多，在此不一一说明。

八、快捷命令

在内业利用CASS软件绘图时，我们会经常用到一些快捷键命令，如画图时经常用到的：画弧：A；画线段：L；移动：M；修改复合线：N；复合线上加点：Y；等等。应该说绘图过程中灵活运用鼠标点击绘图图标和在键盘上输入快捷键，可以大幅提高绘图的效率，表 2.11 所示为 CASS9.1 和 AutoCAD 系统常用的命令及快捷键，初学者应尽可能牢记。

表 2.11　快捷键与命令表

CASS9.1		AutoCAD 系统		
快捷键	作用	快捷键	CAD命令	作用
dd	通用绘图命令	A	ARC	画弧
V	查看实体属性	C	CIRCLE	画圆
S	加入实体属性	CP	COPY	拷贝
F	图形复制	E	ERASE	删除
RR	符号重新生成	L	LINE	画直线
H	线型换向	PL	PLINE	画复合线
KK	修改坎高	LA	LAYER	设置图层
X	多功能复合线	LT	LINETYPE	设置线型
B	自由连接	M	MOVE	移动
AA	给实体加地物名	P	PAN	屏幕移动
T	注记文字	Z	ZOOM	屏幕缩放
FF	绘制多点房屋	R	REDRAW	屏幕重画
SS	绘制四点房屋	PE	PEDIT	复合线编辑
W	绘制围墙			
K	绘制陡坎			
XP	绘制自然斜坡			
G	绘制高程点			
I	绘制道路			
N	批量拟合复合线			
O	批量修改复合线高程			

CASS9.1		AutoCAD 系统		
快捷键	作用	快捷键	CAD 命令	作用
WW	批量改变复合线宽			
Y	复合线上加点			
J	复合线连接			
Q	直角纠正			

任务五　地形图分幅整饰与输出

任务描述：对所测地形图进行图幅整饰与输出。

传统手工测图通常会预先按标准图幅对测区进行分幅和编号，并在外业测量时完成图幅的整饰；而采用数字测图的方式测制地形图时，通常是按一定界线先将测区划分为若干个作业区，数据采集完成后，再将所有数据拼合在一起，在地形图上并没有相应的图幅信息。所以在完成地形图的绘制后，为了便于后期对地形图的使用和管理，需要对地形图进行分幅和整饰。完成整饰后便可在绘图仪上将图形打印出来。

一、图廓属性设定

在进行分幅前首先应在 CASS 软件中进行图廓属性的全局性设定。选择"文件"菜单项，弹出下拉菜单，选择"CASS 参数设置"中"图廓属性"，进行图廓属性设置，如图 2.92 所示，将坐标系、高程系、图式、测图日期、密级、图名输出方式等按照实际情况进行设置，并可对图名、图号、比例尺等显示内容的字体、字高等按照需要进行调整。

完成设定后便可对地形图进行批量分幅、标准分幅及任意分幅等操作。

二、地形图批量分幅

批量分幅可以在测图前进行，一般是在完成测图控制网的展绘后进行该项操作，以便确定测距大小和工作量；也可在完成测绘后再进行批量分幅，以便于后期对地形数据的管理。

选择"绘图处理"菜单项，弹出下拉菜单，选择"批量分幅/建立格网"，系统信息提示：请选择图幅尺寸：（1）50 cm × 50 cm；（2）50 cm × 40 cm；（3）自定义尺寸<1>（可按要求选择）。此处直接回车默认选 1，命令行提示：输入测区一角。

在图形（测区）左下角点击左键，命令行提示：输入测区另一角。

在图形（测区）右上角点击左键。

所设目录下就产生了各个分幅图，系统自动以各个分幅图的左下角的东坐标和北坐标结合起来命名，如："29.50-40.00"，选择"绘图处理/批量分幅/输出到文件"，在弹出的对话框中确定输出的图幅存储的路径，然后确定即可批量输出图形到指定目录。如需改名则在图形中手动更改即可。

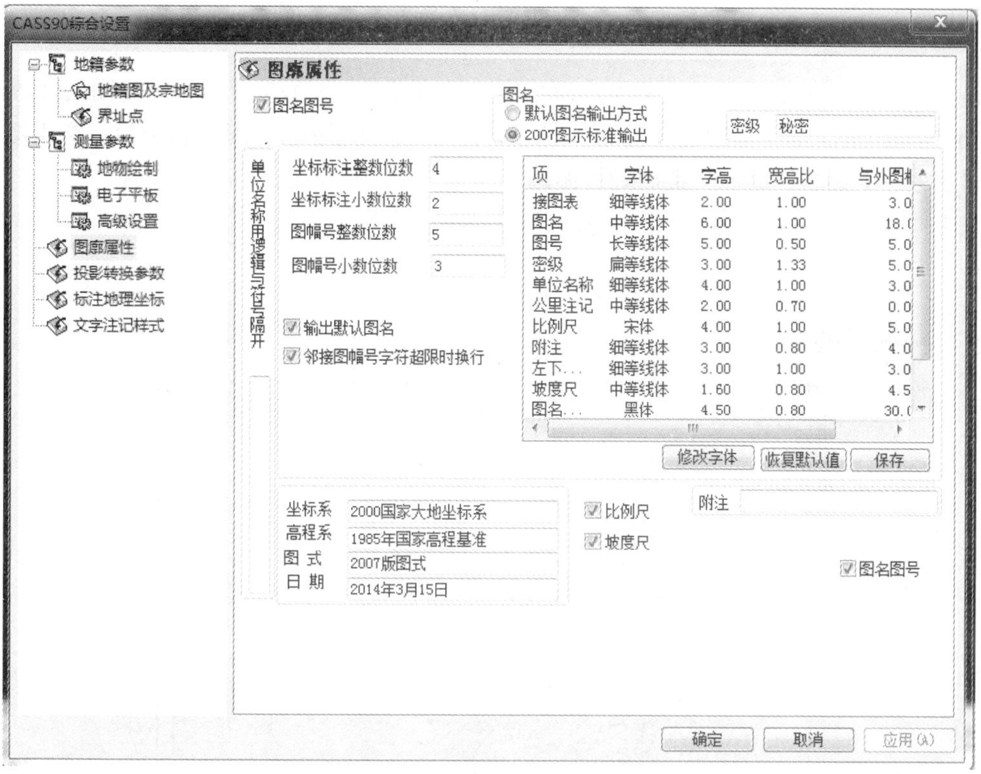

图 2.92 对图廓属性进行设置

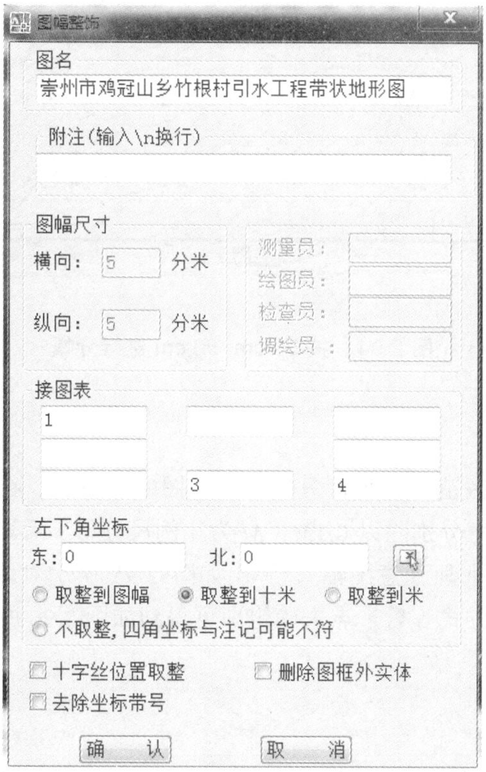

图 2.93 标准分幅对话框

三、地形图标准分幅

该分幅方式适用于已经完成地物及地貌编辑的地形图。根据情况选择"绘图处理/标准图幅（50 cm×50 cm）或标准图幅（50 cm×40 cm）"，如选 50 cm×50 cm 进行分幅，弹出图 2.93 所示对话框，对图名、附注、接图表、图幅西南角坐标、取整方式等进行设置。

点击"确认"后，出现如图 2.94 所示的分幅图。

数字测图实用教程

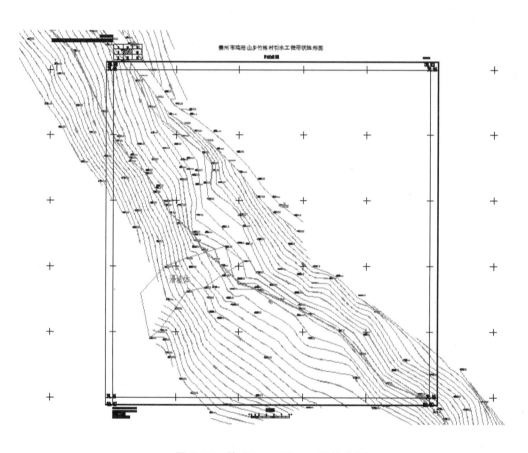

图 2.94　按 50 cm×50 cm 进行分幅

四、任意分幅

该分幅方式适用于测区范围较小，只划为一个图幅的情况。在进行分幅前应在图上量出测区的长和宽，并将长和宽分别除以 $0.1M$（M 为比例尺分母）后取整，确定图幅大小。

在菜单栏选择"绘图处理/任意图幅"，弹出如图 2.95 所示对话框，设置图名、图幅尺寸数据、西南角坐标、取整方式等后，点击确定即可得到如图 2.96 所示任意分幅后的图。

图幅整饰

图名

崇州市鸡冠山乡竹根村引水工程带状地形图

附注（输入\n换行）

图幅尺寸

横向： 16 分米　　测量员：

纵向： 38 分米　　绘图员：

　　　　　　　　　检查员：

　　　　　　　　　调绘员：

接图表

左下角坐标

东：29940　　　　北：79300

◯ 取整到图幅　　◉ 取整到十米　　◯ 取整到米

◯ 不取整，四角坐标与注记可能不符

☐ 十字丝位置取整　　☐ 删除图框外实体

☐ 去除坐标带号

确　认　　　取　消

图 2.95　任意分幅对话框

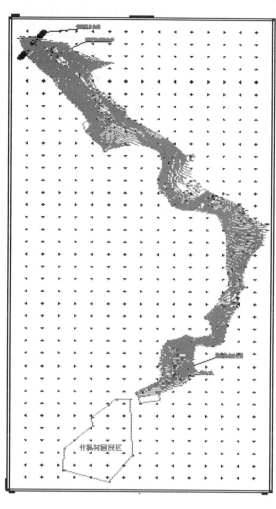

图 2.96　任意分幅后的图

任务六　地形图质量检查与验收

任务描述： 各作业组交叉完成地形图的质量检查和验收。

一、数字测图成果质量要求

数字测图产品质量是测绘工程项目成败的关键，它不仅会影响到整个工程建设项目的质量，而且也关系到测绘企业的生存和社会信誉。因此，为保证数字测图的质量，数字测图的每一个环节都要严格遵守相应的规范或技术规程。遵照测绘任务书、技术设计书或合同书中的要求，并按《数字测图成果质量要求》进行严格的质量控制。从搜集资料、确定坐标系统和高程系统开始，到野外踏勘、选点，仪器设备的准备，控制测量，野外数据采集，直至内业绘图成图成果输出，把质量控制贯穿于整个数字测图过程。为更好地保证数字测图产品质量，数字测图过程中应引入测绘工程监理制度，由测绘监理工程师把控数字测图成果质量。

数字测图成果的质量是通过若干质量元素或质量子元素来描述的。数字测绘成果种类不同，其质量元素组成也不同。数字地形图的质量元素如表 2.12 所示。

表 2.12　数字地形图质量元素表

数字地形图质量元素	数字地形图质量子元素
空间参考系	大地基准
	高程基准
	地图投影
位置精度	平面精度
	高程精度
属性精度	分类正确性
	属性正确性
完整性	要素完整性
逻辑一致性	概念一致性
	格式一致性
	拓扑一致性
时间准确度	数据更新
	数据采集
元数据质量	元数据完整性
	元数据准确性
表征质量	几何表达
	符号正确性
	地理表达
	注记正确性
	图廓整饰准确性
附件质量	图历簿质量
	附属文档质量

数字地形图质量元素的一般规定如下：

1. 空间参考系

大地基准、高程基准、地图投影符号应符合相应比例尺地形图测图规范的规定。

2. 位置精度

1）平面精度

地形图上控制点的坐标值应符合已测坐标值。地形图上的实测数据，其地物点对邻近野外控制点位置中误差以及邻近地物点间的距离中误差不大于表 2.13 所示的规定。

表 2.13　地物点平面位置精度指标

地区分类	比例尺	点位中误差	邻近地物点间距离中误差
城镇、工业建筑区、平地、丘陵地	1∶500	±0.15	±0.12
	1∶1 000	±0.30	±0.24
	1∶2 000	±0.60	±0.48
困难地区、隐蔽地区	1∶500	±0.23	±0.18
	1∶1 000	±0.45	±0.36
	1∶2 000	±0.90	±0.72

2）高程精度

地形图上各类控制点的高程值应符合已测高程值。高程注记点相对于邻近图根的高程中误差不应大于相应比例尺地形图基本等高距的 1/3，测高程困难地区放宽 0.5 倍，等高线插值点相对于邻近图根点的高程中误差，平地不应大于基本等高距的 1/3，丘陵地不应大于基本等高距的 1/2，山地不应大于基本等高距的 2/3，高山地不应大于基本等高距。

3. 属性精度

描述地形要素的各种属性项名称、类型、长度、顺序、个数等属性项定义符合要求，描述地形要素的各种属性值正确无误。

4. 完整性

各种地物要素完整，各种名称及注记完整，无遗漏或多余、重复现象；各种地物要素分层正确，无遗漏或多余、重复层现象。

5. 逻辑一致性

地形要素类型（点、线、面等）定义符合要求；数据层定义符合要求；数据文件命名、格式、存储组织等符合要求，数据文件完整、无缺失；闭合要素保持封闭，线段相交或相接无悬挂或过头现象；连续地物保持连续，无错误的伪节点现象；应断开的要素处理符合要求。

6. 时间准确度

生产过程中应按要求使用了现势资料。

7. 元数据质量

元数据内容正确，内容完整，无多余、重复或遗漏现象。

8. 表征质量

要素几何类型表达正确，要素综合取舍与图形概括符合规范要求，并能正确反映各要素的分布地理特点和密度特征。地图符号使用正确，配置合理，保持规定的间隔，清晰易读。线划光滑、自然、点保真度强，无折刺、回头线、粘连、自相交、抖动、变形扭曲等现象。有方向性的符号方向正确。注记选取与配置符合要求，注记字体、字大、字向、字色符合要求，配置合理，清晰易读，指向明确无歧义。图廓内外整饰符合要求，无错漏、重复现象。

9. 附件质量

附件指应随数字测绘成果上交的资料，一般包括图历簿，制图过程中所使用的参考资料、数据图幅清单、技术设计书、检查验收报告等。附件应符合以下要求：图历簿填写正确，无错漏、重复现象，能正确反映测绘成果的质量情况及测制过程。上交的附件完整，无缺失。

二、数字测图成果检查

数字产品实行过程检查、最终检查和验收制度（二级检查一级验收制）。过程检查由生产单位作业人员承担，最终检查由生产单位的质量管理机构实施，验收工作由任务的委托单位组织实施，或由该单位委托具有相应资质的检验机构验收。

1．提交检查验收的资料

包括技术设计书、技术总结等。数据文件包括图幅内外整饰信息文件、元数据文件等。输出的检查图。技术规定或技术设计书规定的其他资料。

2．检查验收依据

有关的测绘任务书、合同书中有关产品质量特征的摘要文件或委托检查、验收文件；有关法规和技术标准；技术设计书和有关的技术规定等。

3．数字地形图检查内容及方法

1）数学基础检查

将图廓点、千米网点、控制点的坐标按检索条件在屏幕上显示，并与理论值和控制点已知坐标值核对。

2）平面和高程精度检查

（1）选取检测点的一般规定：数字地形图平面检测点应是均匀分布，随机选取的明显地物点。平面和高程检测点数量视地物复杂程度等具体情况确定，每幅图一般选取 20～50 个点。

（2）检测方法：检测点的平面坐标和高程采用外业散点法按测站点精度施测。用钢尺或测距仪（全站仪）量测地物点间距，量测边数每幅图一般不少于 20 处，检测中如发现被检地物点和高程点具有粗差时，应视情况重测。当一幅图检测结果算得的中误差超过"数字测图成果质量要求"当中位置基准的平面精度和高程精度的规定时，应分析误差分布的情况，再对邻近图幅进行抽查。中误差超限的图幅应重测。

地物点的点位中误差、邻近地物点间中误差及高程中误差按相关规定计算。

3）接边精度检查

通过量取两相邻图幅接边处要素端点的距离是否等于 0 的方式来检查接边精度，未连接的要素记录其偏离值；检查接边要素几何上自然连接情况，避免生硬；检查面域属性、线划属性的一致性，记录属性不一致的要素实体个数。

4）属性精度检查

（1）检查各个层的名称是否正确，是否有漏层。

（2）逐层检查各属性表中的属性项是否正确，有无遗漏。

（3）按地理实体的分类、分级等语义属性检索，在屏幕上将检测要素逐一显示并与要素分类代码核对来检查属性的错漏，用抽样点检查属性值、代码、注记的正确性。

（4）检查公共边的属性值是否正确。

5）逻辑一致性检查

（1）用相应软件检查各层是否建立拓扑关系及拓扑关系的正确性。

（2）检查各层是否有重复的要素。

（3）检查有向符号，有向线状要素的方向是否正确。

（4）检查多边形闭合情况，标识码是否正确。

（5）检查线状要素的结点匹配情况。

（6）检查各要素的关系表示是否正确，有无地理适应性矛盾，是否能正确反映各要素的分布特点和密度特征。

（7）检查水系、道路等要素是否连续。

6）整饰质量检查

（1）检查各要素是否正确，尺寸是否符合图式规定。

（2）检查图形线划是否连续光滑、清晰，粗细是否符合规定。

（3）检查要素关系是否合理，是否有重叠、压盖现象。

（4）检查高程注记点密度是否满足每 100 cm^2 内 $8 \sim 20$ 个的要求。

（5）检查各名称注记是否正确，位置是否合理，指向是否明确，字体、字大、字向是否符合规定。

（6）检查注记是否压盖重要地物或点状符号。

（7）检查图面配置、图廓内外整饰是否符合规定。

7）附件质量检查

（1）检查所上交的文档资料填写是否正确、完整。

（2）逐项检查元数据文件是否正确、完整。

三、数字测图成果质量评定

对数字测图成果进行检查以后，根据检查的结果，对单位成果和批成果进行质量评定，并划分出质量等级，在此之前我们有必要了解几个与成果质量评定有关的重要概念。

1. 概　念

（1）单位成果：为实施检查、验收而划分的基本单位，宜以幅为单位。

（2）批成果：同一技术设计要求下生产的同一测区的单位成果的集合。

（3）概查：对单位成果质量要求的特定检查项的检查。

（4）详查：对单位成果质量要求的所有检查项的检查。

（5）样本：从批成果中抽取的用于评定批成果质量的单位成果集合。

2. 单位成果质量评定

单位成果质量评定通过单位成果质量分值评定质量等级，质量等级划分为优级品、良级品、合格品、不合格品四级。概查只评定合格品、不合格品两级。详查评定四级质量等级。

一般以一幅图或几幅图作为一个单位成果，每个单位成果由多个质量元素组成，每个质量元素又分为多个质量子元素（见表 2.12），每个质量子元素又分为多个检查项，根据质量检查的结果分别计算每个检查项的质量分值。

如质量元素位置精度，就分为平面精度和高程精度 2 个质量子元素，又分成平面位置中误差、高程注记点高程中误差、等高线高程中误差等多个检查项。分别计算平面位置中误差、高程注记点高程中误差、等高线高程中误差等多个检查项的质量分值，其中平面位置中误差的质量分值，用式（2.1）进行计算。

$$s = \begin{cases} 60 + \dfrac{40}{0.7 \times m_0}(m_0 - m), & m > 0.3m_0 \\ 100, & m \leqslant 0.3m_0 \end{cases} \qquad (2.1)$$

式中，s 为检查项质量分值；m_0 为中误差限差；m 为检测中误差。

其他检查项质量分值计算参照中华人民共和国国家标准《数字测绘成果质量检查与验收》（GB/T 18316—2008）。

当质量元素不满足规定的合格条件时，不计算分值，该质量元素为不合格。

根据某个质量元素所有检查项的质量分值，将其中最小的质量分值确定为这个质量元素的质量分值。再根据质量元素的分值，将其中最小的质量分值确定为单位成果质量分值，最后评定单位成果质量，如表 2.14 所示。

表 2.14　单位成果质量等级评定

质量得分	质量等级
90 分≤s≤100 分	优级品
75 分≤s<90 分	良级品
60 分≤s<75 分	合格品
质量元素检查结果不满足规定的合格条件	不合格品
位置精度检查中粗差比例大于 5%	
质量元素出现不合格	

3. 批成果质量等级判定

批成果质量判断通过合格判定条件（见表 2.15）确定批成果的质量等级，质量等级划分为合格批、不合格批两级。

表 2.15　批成果质量等级评定

质量等级	判定条件	后续处理
合格批	样本中未发现不合格单位成果，且概查时未发现不合格单位成果	测绘单位对验收中发现的各类质量问题均应修改
不合格批	样本中发现不合格单位成果，或概查时发现不合格单位成果，或不能提交批成果的技术性文档（如设计书、技术总结、检查报告等）和资料性文档（如接合表、图幅清单等）	测绘单位对批成果逐一查改合格后，重新提交验收

四、数字测图检查报告

最终检查和质量评定工作结束后，测绘生产单位应编制检查报告。检查报告经生产单位领导审核后，随数字测图成果一并提交验收。

检查报告的主要内容包括：

（1）任务概要。

（2）检查工作概况（包括仪器设备和人员组成情况）。

（3）检查的技术依据。

（4）主要技术问题及处理情况，对遗留问题的处理意见。

（5）质量统计和检查结论。

任务七　编制技术总结

任务描述：各作业组完成技术总结的编写。

测绘技术总结是在测绘任务完成后，对测绘技术设计文件和技术标准、规范等的执行情况，技术设计方案实施中出现的主要技术问题和处理方法，成果（或产品）质量、新技术的应用等进行分析研究、认真总结，并作出的客观描述和评价。测绘技术总结为用户对成果（或产品）合理使用提供方便，为测绘单位持续质量改进提供依据，同时也为技术设计、标准、规定的制定提供资料。测绘技术总结是与测绘成果（或产品）有直接关系的技术性文件，是长期保存的重要技术档案。数字测图技术总结的编写格式如下。

一、概　述

（1）任务来源、目的，测图比例尺，生产单位，作业起止日期，任务安排概况等。

（2）测区名称、范围、测量内容，行政隶属，自然地理特征，交通情况，困难类别等。

二、已有资料及其应用

（1）资料的来源、地理位置和利用情况等。

（2）资料中存在的主要问题及处理方法。

三、作业依据、设备和软件

（1）作业技术依据及其执行情况，执行过程中技术性更改情况等。

（2）使用的仪器设备与工具的型号、规格与特性，仪器的检校情况，使用的软件基本情况介绍等。

（3）作业人员组成。

四、坐标、高程系统

采用的坐标系统、高程系统、投影方法、图幅分幅与编号方法、地形图的等高距等。

五、控制测量

（1）平面控制测量：已知控制点资料和保存情况，首级控制网及加密控制网的等级、网形、密度、埋石情况、观测方法、技术参数、记录方法、控制测量成果等。

（2）高程控制测量：已知控制点资料和保存情况，首级控制网及加密控制网的等级、网形、密度、埋石情况、观测方法、技术参数、视线长度及其距地面和障碍物的距离，记录方法，重测测段和次数，控制测量成果等。

（3）内业计算软件的使用情况，平差计算方法及各项限差，控制测量数据的统计、比较，外业检测情况与精度分析等。

（4）生产过程中出现的主要技术问题和处理方法，特殊情况的处理以及达到的效果，新技术、新方法、新设备等应用情况，经验教训、遗留问题、改进意见和建议等。

六、地形图测绘

（1）测图方法，外业采集数据的内容、密度、记录的特征，数据处理、图形处理所用软件和成果输出的情况等。

（2）测图精度的统计、分析和评价，检查验收情况，存在的主要问题及处理方法等。

（3）新技术、新方法、新设备的采用情况以及经验、教训等。

七、测绘成果质量说明和评价

简要说明、评价测绘成果的质量情况，产品达到的技术质量指标，并说明其质量检查报告的名称和编号。

八、提交成果

（1）技术设计书。

（2）测图控制点展点图，水准路线图，埋石点点之记等。

（3）控制测量平差报告、平差成果表。

（4）地形图元数据文件，地形图全图和分幅图数据文件等。

（5）输出的地形图。

（6）数字测图技术报告、检查报古、验收报告。

（7）其他需要提交的成果。

【思考题】

1. 数字测图的技术设计书属于项目技术设计还是专业技术设计？为什么？

2. 数字测图的技术设计主要内容包括哪些？

3. 数字测图图根控制测量有哪些方式？

4. 无码法和有码法测图各有何优缺点？

5. 地物编辑和地貌编辑的流程是什么？

6. 数字测图中如何控制质量？

7. 评定数字地形图的质量元素包括哪些？

8. 某项质量元素不合格后，数字地形图是否还能评为优级品？为什么？

学习情境三　纸质地形图扫描屏幕数字化

【知识目标】

通过本情境的学习，使学生正确理解栅格图形、矢量图形、栅格数据、矢量数据等概念，知道数字地形图矢量化的一般流程。

【能力目标】

掌握利用 CASS9.1 成图软件进行屏幕矢量化的步骤、方法和技术要求。能够熟练地使用 CASS 软件进行地形图的纠正；能够熟练使用 CASS 软件进行地形图的矢量化。

任务一　地形图扫描及预处理

任务描述：对指定地形图进行扫描和预处理。

一、地形图数字化

全野外数字化测图（地面数字测图）是获取数字地形图的主要方法之一；除此之外，还可以利用已有的纸质或聚酯薄膜地形图，通过地形图数字化方法获得数字地形图。目前，国土、规划、勘察及建设等各部门还拥有大量各种比例尺的纸质地形图，这些都是非常宝贵的基础地理信息资源。为了充分利用这些资源，在生产实际中要把大量的纸质地形图通过数字化仪或扫描仪等设备输入到计算机，再用专用软件进行剪辑和处理，将其转换成计算机能存储和处理的数字地图，这一过程称为地形图的数字化，或原图数字化/矢量化。

地形图数字化的方法主要有两种：手扶跟踪数字化和扫描屏幕数字化。

第一种方式为手扶跟踪数字化，是利用数字化仪和相应的图形处理软件进行的。其主要作业步骤是：首先将数字化板与计算机正确连接，把工作地图（纸质地形图）放置于数字化板上并固定，用手持定标设备（鼠标）对地形图进行定向并确定图幅范围；然后跟踪图上的每一个地形点，用数字化仪和相应的数字化软件在图上进行数据采集，经软件编辑后获得最终的矢量化数据即数字化地形图。这种方式现在基本上被淘汰了。

第二种方式是用扫描仪将图纸快速扫描输入，然后利用某些软件对原图做一定的编辑处理或矢量化，这种方式称为扫描屏幕数字化。其过程是：首先将纸质的地形图通过扫描仪等

107

设备转化到计算机中去，然后使用专业的处理软件进行处理和编辑，将其转化成为计算机能存储和处理的数字地形图。

经测算，用这两种方式转换 1 000 张图纸成为电子数据所花的时间比为 6.5：1，所需的费用之比为 5.5：1。目前，扫描输入是解决图纸资料数字化的最好工具，因为它省时省力，提高了生产效率。

以下重点介绍地形图的屏幕数字化。

地形图扫描数字化，是利用扫描仪将纸质地形图进行扫描后，生成一定分辨率并按行和列规则划分的栅格数据，其文件格式为 GIF、BMP、TGA、PCX、TIF 等，应用扫描矢量化软件进行栅格数据化后，采用人机交互与自动跟踪相结合的方法来完成地形图矢量化。扫描矢量化过程实质上是一个解译光栅图像并用矢量元素替代的过程。其作业流程如图 3.1 所示。

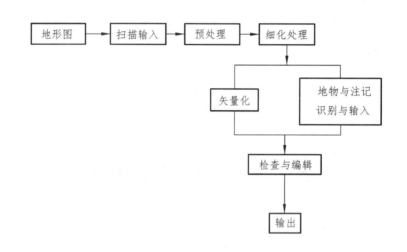

图 3.1　地形图扫描矢量化作业流程

二、栅格图形和矢量图形

计算机中图形数据按获取和成图方法的不同，可区分为栅格数据和矢量数据两种格式，对应的图形通常称为栅格图形和矢量图形。

栅格数据是图像像元值按矩阵形式的集合。由航空摄影、遥感和扫描仪等（包括一般的相机）获得的数据是栅格数据。

栅格图形是指用格网点绘出的图形，因格网又称为栅格，故而得名。形成图形的方法是在平面上先设定一个格网，每个小格可以由不同的颜色填充，称为一个像元（或像素），由于每个像元的不同颜色而使此平面显示出某种图形。图 3.2（a）是像元中用黑色表示的几条不同方向的直线栅格图形。

矢量数据是图形的离散点坐标（x，y）的有序集合。由野外采集的数据、解仪测图仪获得的数据和手扶跟踪数字化采集的数据是矢量数据。

矢量图形是指用直角坐标值（x，y）绘出的图形。例如一条直线段，已知线段两端点 A（x_A，y_A），B（x_B，y_B）时即可绘出，设线段中间有任意一点 P，因 P 在 A、B 之间，则 P 点的坐标（x_P, y_P）可由直线方程式计算而得。可见，由 A 至 B（或由 B 至 A）的一串构成直线的连续点的坐标均可求得，如图 3.2（b）所示。

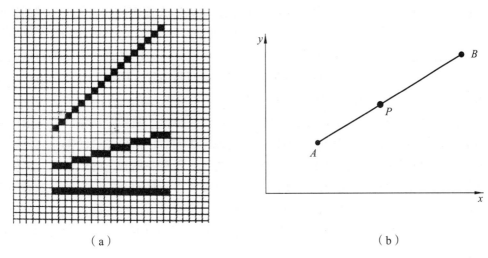

（a）　　　　　　　　　　　　（b）

图 3.2　栅格图形和矢量图形

矢量图形的特点是图形上的每个点均是用坐标表示的，这样就便于用函数来计算，对于图形的放大、缩小、旋转等变化都不会使图形产生变形；栅格图形的特点是对图形的存储较为简单，只需按行、列顺序记下各像元的值[见图 3.2（a），空白用"0"，黑色用"1"]即可。但是要使图形作放大、缩小、旋转等变化则较为复杂。由图 3.2（a）也可以看出，如果将图中的栅格看成是坐标格网，那么栅格图形的黑色像元亦可以用坐标来表示；同样，如果将图 3.2（b）的坐标线看成是栅格格网，那么矢量图形亦可用栅格图形来表示，这就是说，栅格图形和矢量图形的数据可以通过某种方法（如编程）进行相互转换，以便于在图形处理中发挥各自的长处。

据估计，一幅 1∶1 000 一般密度的平面图只有几千个点的坐标对，一幅 1∶10 000 的地形图矢量数据多则几十万甚至上百万个点的坐标对，矢量数据量与比例尺、地物密度有关。而一幅地形图（50 cm×50 cm）的栅格数据，随栅格单元（像元）边长的不同（一般小于 0.02 mm）而不同，通常达上亿个像元点。故一幅地图或图形的栅格数据量一般情况下比矢量数据量大得多。

三、地形图扫描及预处理

1. 地形图扫描

扫描仪作为一种常用的计算机外设，可以将介质（图纸）上的图像采集输入到计算机里并形成一个电子文件。目前的扫描仪按其工作原理可分为电荷耦合器件（CCD）扫描仪及接触式感光器件（CIS 或 UDE）扫描仪两种；按其接口形式分主要有 EPP、SCSI 及 USB 三种扫描仪。其中 CCD 扫描仪因其技术发展较为成熟，具有扫描清晰度高、景深表现力好、寿命长等优点，因而得到广泛使用，但因其采用了包含光学透镜等在内的精密光学系统，使得其结构较为脆弱。在日常使用中，除了要防尘以外，更要防止剧烈的撞击和频繁的移动，以免损坏光学组件。

有的扫描仪（如 Acer、scan、Prisa、320p 等）还设有专门的锁定/解锁（lock/unlock）机构。移动扫描仪前，应先锁住光学组件，但要特别注意的是，再次使用扫描仪之前，一定要首先解除锁定。对于幅面比较大（大于 A3）的图纸，可以用大幅面的扫描仪来实现图纸的计算机输入，如丹麦产的 CONTEX 扫描仪，可以扫描的最大图纸宽度为 914 mm，长度不限。普通扫描仪可以扫描单色、灰度或彩色的图像，而对于电子线路图来说，将图纸扫描成单色的图像文件就可以了。若图纸是蓝图，则最好采用大幅面扫描仪，因为大幅面扫描仪一般有比较好的消蓝去污功能。当然，用图形处理软件也可以实现去污的目的。

一般来讲，比较旧的图纸，或多或少总会存在污点、折痕、断线、模糊不清或纸撕裂等问题。扫描仪是忠实地反映原图的，只不过带消蓝去污功能的扫描仪能自动将蓝底色和小的污点消掉。如果我们需要得到清晰干净、不失真的图纸，就需要用相应的软件对计算机里的图像文件作净化处理。经过净化处理的图像文件可以按照需要打印、输出、保存或插到别的文件里。如果需要在原图的基础上做些修改，如改变、删掉或增加某些内容，则需要使用能对电子图像文件做上述修改的软件。对图像文件做修改的软件有两类：一类叫光栅编辑软件，一类叫矢量化软件。

通常直接扫描生成的图像文件是光栅文件，即由栅格像素组成的位图。这种位图只有用相应的程序才能被打开和浏览。形象地说，光栅图形中的一条直线是由许多光栅点构成的，这些光栅点没有任何的位置信息、属性，相互间没有联系，编辑起来比较困难，如编辑光栅线就是要编辑一个个光栅点。而常用的 CAD 软件中绘制的图形是矢量文件。矢量图形中的线由起点、终点坐标和线宽、颜色、层等属性组成，对它的操作是按对线的操作进行的，编辑很方便，如要改变一条线的宽度只要改变它的宽度属性，要移动它只要改变它的坐标。对应这两种类型的编辑处理软件就是光栅编辑软件和矢量化软件。

光栅编辑软件能对光栅图像进行操作。相对来说，光栅图与矢量图有如下不同：

（1）光栅图没有矢量图编辑修改方便、快捷，无法给实体赋予属性。

（2）一般光栅图的存储空间比矢量图大，但 TIFF4 格式的光栅图例外。

（3）光栅图没有矢量图质量好，例如光栅线没有矢量线光滑。

（4）有些操作，如提取信息，对光栅图是根本不可能进行的，只有从矢量图中才能提取信息。

（5）光栅图对输出要求高，前几年流行的笔式绘图仪是不能输出光栅图的。

2．图像预处理

图像经过扫描处理后，得到光栅图像，在进行扫描光栅图像的矢量化之前，需要对光栅文件进行预处理、细化处理和纠正工作。

1）原始光栅图像预处理

纸质地形图经过扫描后，由于图纸不干净、线不光滑以及受扫描、摄像系统分辨率的限制，使扫描出来的图像带有黑色斑点、孔洞、凹陷和毛刺等噪声，甚至是有错误的光栅结构。因此，扫描地形图工作底图得到的原始光栅图像必须进行多项处理后才能完成矢量化，这就要用到光栅编辑软件。不同的光栅编辑软件提供的光栅编辑功能不同。目前较好的光栅编辑软件是挪威的 RxAUtoImagePro2000，能实现如下功能：智能光栅选择、边缘切除、旋转、比例缩放、倾斜校正、复制、变形、图像校准、去斑点、孔洞填充、平滑、细化、剪切、复制、粘贴、删除、合并、劈开等。对于仅仅是将图纸存档或做不多修改就打印输出的用户来说，更多的是选择 Adobe photoshop 之类的软件，因为基本上可满足上述要求，同时可以节省进行矢量化所花的人力和时间。对原始光栅图像的预处理实质上是对原始光栅图像进行修正，经修正最后得到正式光栅图像。其内容主要有以下几个方面：

（1）采用消声和边缘平滑技术除去原始光栅图像中的噪声，减小这些因素对后续细化工作的影响和防止图像失真。

（2）对原始光栅图像进行图幅定位坐标纠正，修正图纸坐标的偏差；由于数字化图最终采用的坐标系是原地形图工作底图采用的坐标系统，因此还要进行图幅定向，将扫描后形成的栅格图像坐标转换到原地形图坐标系中。

（3）进行图层、图层颜色设置及地物编码处理，以方便矢量化地形图的后续应用。

2）正式光栅图像细化处理

细化处理过程是在正式光栅图像数据中，寻找扫描图像线条的中心线的过程。衡量细化质量的指标有：细化处理所需内存容量、处理精度、细化畸变、处理速度等；细化处理时要保证图像中的线段连通性，但由于原图和扫描的因素，在图像上总会存在一些毛刺和断点，因此要进行必要的毛刺剔除和人工补断，细化的结果应为原线条的中心线。

3）正式光栅图像纠正

地图在扫描的过程中，由于印刷（打印）、扫描的过程会产生误差，存放过程中纸张会有变形，导致扫描到电脑中的地图实际值和理论值不相符，即光栅图像图幅坐标格网西南角点坐标、图幅坐标格网、图幅大小及图幅的方向与相对应比例的标准地形图的图幅坐标格网西南角点坐标、坐标格网、图幅大小及图幅方向不一致。因此，需要对正式光栅图像进行纠正处理。可使用 CASS9.1 进行光栅图像的纠正。

任务二　地形图矢量化

任务描述：掌握利用 CASS9.1 软件进行地形图矢量化的方法。

一、矢量化方式及矢量化软件选择

经过处理后的光栅图像可导入矢量化软件中进行矢量化工作。矢量化的实质是从用像素点数据描述的位图文件中识别出点、线、圆、弧、字符、各种地形符号等基本几何图形的一个过程。一般矢量化的方式有如下三种：手工矢量化、半自动矢量化和全自动矢量化。

手工矢量化是完全采用人工方式，用软件提供的工具将扫描光栅图转化成为矢量图。例如在 AutoCAD 中，要将栅格图矢量化，就需要人工利用 CAD 软件提供的点、线、面工具将栅格图描一遍。虽然这种方式比较费时费力，但其后期编辑工作量很小。这种方式在测绘单位的早期地形图矢量化中使用较多。目前利用 CASS9.1 进行矢量化工作也属于手工矢量化。

半自动矢量化软件是用人工干预的方式将光栅图像转化成几何图形。例如，只要人工在光栅线上点一下，它就能按原光栅线的形状识别成相应宽度的线、圆或圆弧，一条无论多么复杂的等高线，只要点一下它，就能生成相应宽度的与原图非常匹配的矢量多义线，甚至能跳过小的断线。由于在碰到光栅交叉点时它会停下来，需要人工干预，故也称交互式跟踪矢量化。

全自动矢量化软件能对全图或某部分光栅图一次性自动识别，并转化成相应的几何图形。较好的全自动矢量化软件（如世界五星级矢量化软件——德国的 VP 系列产品），能识别直线、圆、弧、多义线、样条曲线、剖面线、轮廓线、箭头、各种符号、数字、英文字符等，还能识别线的宽度、线型、文字高度等，它能跳过窄的断点，还能对不同类型的图纸采用不同的识别参数。

转化成矢量的实体并不是 100%正确的，因此需要对矢量化后的结果进行编辑修改，这就要用到后处理软件。矢量化的准确程度直接影响后处理的工作量，矢量化后的图形越准确，后处理的工作量越小。有效实用、易于操作的矢量编辑工具，更可节省后处理的时间。对于光栅、矢量混合存在的图形，后处理软件应有将所选矢量转化为光栅的功能。

目前矢量化软件非常的多，如 VPStudio V9、TITAN ScanIn、r2v、Wintopo、CassCan、CASS 等。不同的软件可能对每个过程采用不同的实现方式，用户可以根据自己的具体要求选用上述相应的软件，因为有些软件是分多个模块和版本出的。

此外，选用软件还应考虑的因素如下：

（1）输入文件格式，能输入的最大光栅文件大小；

（2）输出格式，与其他软件特别是用户 CAD 软件的兼容性；

（3）是否有批处理功能；

（4）它可运行在何种操作平台上；

（5）因为大多数应用软件是国外开发的，还应考虑它是否为中文版或中文界面，能否接受汉字等。

二、利用 CASS9.1 进行矢量化

目前，利用 CASS9.1 进行矢量化的方法在测绘市场占有率较高，虽然在进行矢量化时只能采用手工矢量化方式进行，效率较低，但是其操作简单、易于上手，对于一般的地形图矢量化足可胜任，以下便介绍以一幅某地 1∶50 000 的栅格图形为工作底图，利用 CASS9.1 进行矢量化工作的步骤、方法。

（1）运行南方 CASS9.1 地形地籍软件，点击"工具/光栅图像/插入图像"菜单，如图 3.3 所示。

（2）在弹出的对话框中点击左上角附着管理器按钮（红色标记处）并在下拉菜单中点击"附着图像（I）"选项，如图 3.4 所示。

（3）在弹出的选择图像文件对话框中选择一幅扫描的栅格地形图，单击"打开"按钮，如图 3.5 所示。

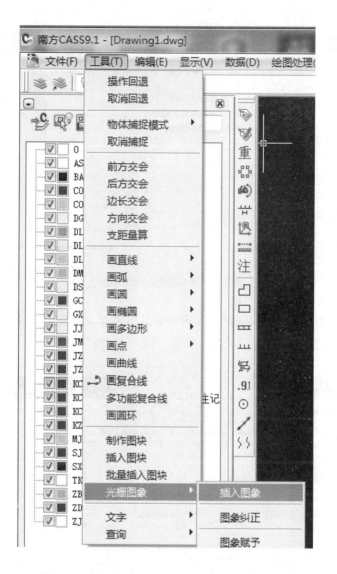

图 3.3　点击"工具/光栅图像/插入图像"菜单

图 3.4　点击"附着图像（I）"选项

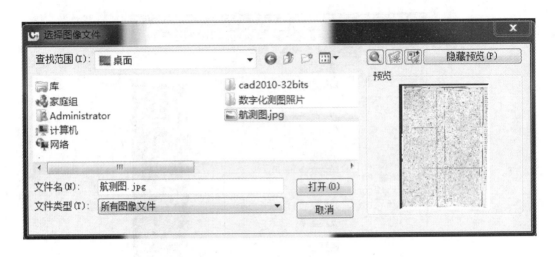

图 3.5　选择图形文件对话框

（4）在弹出的图像对话框中设置好路径类型、插入点、缩放比例等项后单击"确定"按钮，也可保持默认设置直接点击"确定"按钮，如图 3.6 所示。

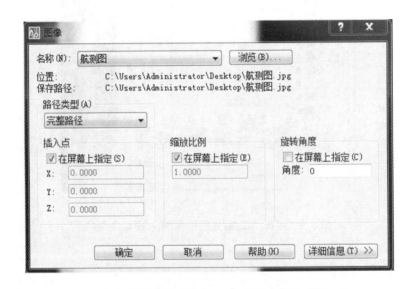

图 3.6　设置路径类型、插入点、缩放比例等

（5）在 CASS9.1 绘图区任意位置点击鼠标左键并拖放出适当大小的区域后，再松开鼠标左键，便在 CASS9.1 窗口中插入了光栅图像，如图 3.7 所示。

（6）图像插入后（见图 3.8），可通过"工具/光栅图像/图像调整（图像质量、图像透明度）"等对图像的显示效果进行调整。因光栅图像图幅坐标格网西南角点坐标、图幅坐标格网、图幅大小及图幅的方向与相对应比例的标准地形图的图幅坐标格网西南角点坐标、坐标格网、图幅大小及图幅方向不一致，需要对图像进行纠正，点击"工具/光栅图像/图像纠正"选项，根据 CASS9.1 命令行的提示，选取需要纠正处理的图像边缘，弹出如图 3.9 所示对话框。

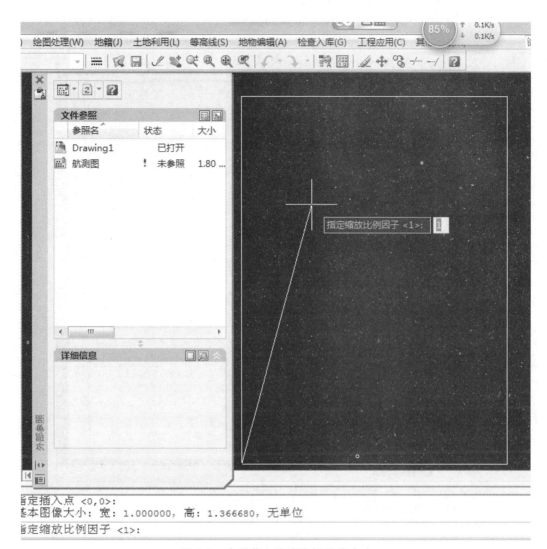

指定插入点 <0,0>:
基本图像大小: 宽: 1.000000, 高: 1.366680, 无单位
指定缩放比例因子 <1>:

图 3.7 在屏幕上确定光栅图像大小

(7)图像纠正实际上是进行坐标转换,即采用若干个图廓、格网交叉点或控制点的图面坐标和其测量坐标根据 3 参数或 7 参数进行转换,最终纠正至原测量坐标。纠正的方法有"赫尔默特"(至少需选择 2 个控制点)、"仿射变换"(至少需选择 3 个控制点)、"线性变换"(至少需选择 4 个控制点)、"二次变换"(至少需选择 6 个控制点)、"三次变换"(至少需选择 10 个控制点)。用户可根据光栅图像变形的严重性选择相应的方法(在纠正方法列表中可进行选择,控制点的数量应比上述列出的最少点数多 1 个,否则无法计算误差值),一般变形较小的图像选择"线性变换"即可。

在"图像纠正"对话框中"图面"所在行点击"拾取"按钮,在扫描栅格图上将图幅适量放大,用鼠标点击拾取图廓、格网交叉点或控制点的中心位置。如图 3.10 所示。然后在实际所在行的"东"与"北"中分别输入 y 和 x 坐标值,即图面拾取点的实际坐标值。然后点击"添加"按钮,将"拾取"的图廓、格网交叉点或控制点的图面坐标与实际坐标添加到"已采集控制点"区。

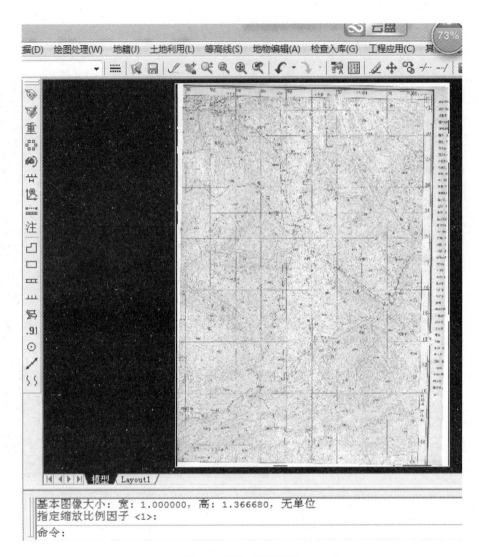

图 3.8　插入后的图像

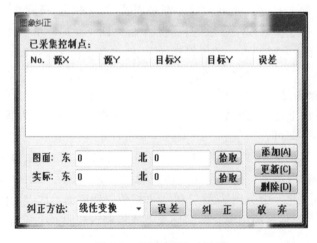

图 3.9　图像纠正对话框

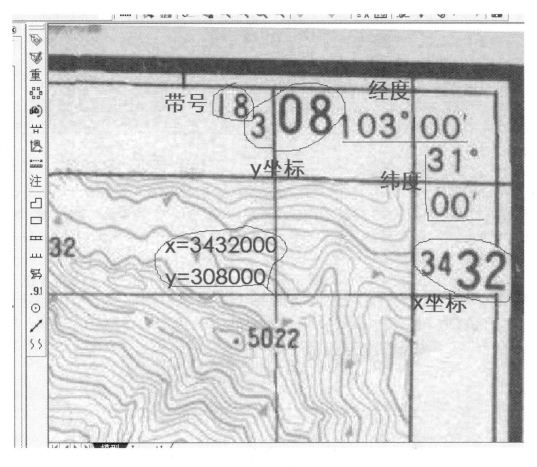

图 3.10 拾取图廓、格网交叉点或控制点的中心位置

（8）按照上一步的方法，依次按逆时针的顺序采集图幅东南角、东北角、西北角的控制点图面坐标与实际坐标，然后单击"纠正"按钮，如图 3.11 所示。

图 3.11 采集四个以上格网交叉点

（9）经过上面几步，光栅格图就纠正好了，这时应检查纠正的精度是否满足要求，可查询相应控制点的坐标，或量取相关边长与已知值进行对比。如果要求纠正的精度较高，则可采用"逐格网法"，即将扫描栅格图图幅的每个坐标格网的坐标信息按照上述方法采集到"控制采集区"，再进行纠正。

（10）为避免在操作过程中占用太多内存，可通过"工具/光栅图像/图像裁剪"将图廓外侧部分裁掉。另外矢量化过程中可能导致光栅图像移位或扭曲，应新建一个图层，将光栅图像置于其中并进行锁定。

（11）点状符号的矢量化。

根据地形图图示的要求，每个点状符号都有自己的定位点和特定的表示符号。因此点状符号的矢量化仅需将定制好的标准符号插入到相应的位置即可。以控制点为例来说明，根据扫描地形图上的控制点类型，在 CASS9.1 屏幕菜单上选择相应的控制点类型，后根据 CASS9.1 命令行的提示进行操作。

点击屏幕菜单的"控制点/平面控制点/三角点"，命令行出现"指定点："（初次操作还会出现"比例尺 1∶500"，用户需根据需要选择或输入需要的新比例尺），

用鼠标在栅格图像的"三角点"的定位点上单击，命令行出现"高程（m)："，输入该控制点的高程值（如 4420.4）后回车；命令行出现"等级一点名："，输入该控制点的点名（如无名三角点）后回车，则完成了控制点的矢量化，如图 3.12 所示。

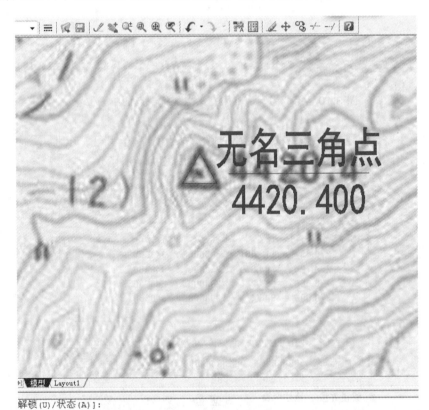

图 3.12　控制点的矢量化

数字测图实用教程

（12）线状符号的矢量化。

线状符号一般是由一系列的坐标对和相应的线性构成，其矢量化主要是用特定的线形将扫描的线性地形描绘出来，下面以小路为例。在CASS9.1屏幕菜单上选择"交通设施/乡村道路"，在弹出的对话框中选择"小路"后点确定按钮，命令行出现"第一点：<跟踪 T/区间跟踪 N>"，鼠标左键点击需要矢量化的小路起点；命令行出现"指定点"，鼠标左键点击小路的下一特征点。如此重复，直到该小路边线的终点，然后回车或点鼠标右键，命令行出现"拟合<N>?"，该线状符号若需拟合，则输入"Y"后回车，否则直接回车或点击鼠标右键即可。如图3.13所示为一段已矢量化的小路。

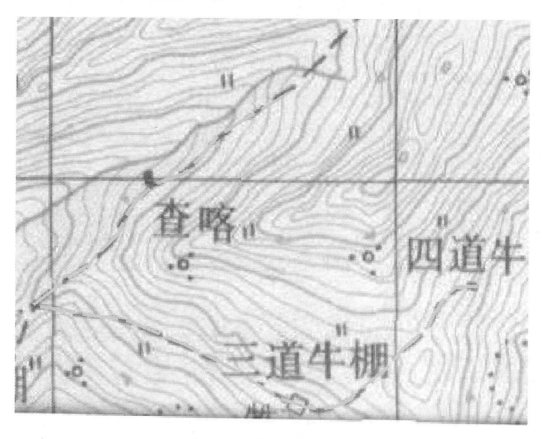

图 3.13　一段已矢量化的小路

（13）面状符号的矢量化。

面状符号的矢量化本质上与线状符号的矢量化相似，所不同的是面状符号首尾坐标是相同的，这里以房屋（该图为小比例地形图，图上实际为居民点或小比例尺房屋，因无相应符号，用一般房屋替代）为例来说明。

在CASS9.1屏幕菜单上选择"居民地/一般房屋"，在弹出的对话框中选择"四点房屋"后点确定按钮，命令行出现"1.已知三点/2.已知两点及宽度/3.已知两点及对面一点/4.已知四点<3>："。

输入"3"回车，用鼠标左键在栅格图上点取需要适量化的房屋的3个特征点后回车，则完成了该房屋的矢量化，如图3.14所示。

图 3.14　矢量化的房屋

（14）图廓的矢量化。

用 CASS 软件矢量化图廓比较简单,方法同图幅整饰。如选择"绘图处理/标准图幅(50 cm × 50 cm)"菜单。

（15）在弹出的图幅整饰窗口中完善相应的内容,点击"确定"按钮。系统自动按要求在指定的位置插入一幅标准的 50 cm × 50 cm 的地形图图框。

按照上述方法将所有的地形符号矢量化完成后,将光栅图像所在图层关闭,则得到一幅完整、标准的矢量地形图。

任务三　地形图屏幕数字化精度简析

任务描述: 对地形图的矢量化进行精度评估。

地形图数字化的实质就是将图形转化为数据,转化的精度取决于纸质地形图的固定误差、数字化过程中的误差、数字化的设备误差以及数字化软件等多个方面。因此,通过地形图数字化得到的数字地形图,其地形要素的位置精度不会高于原地形图的精度。

【思考题】

1. 栅格数据和矢量数据各有何特点?

2. 栅格图形转换为矢量化图形的实质是什么?

3. 手扶跟踪数字化和扫描屏幕数字化各有何特点?

4. 矢量化有哪几种工作模式?

5. 图形纠正的实质是什么?

6. 如何避免矢量化过程中光栅图像变形和扭曲?

学习情境四　数字地形图在工程中的应用

【知识目标】

通过学习本情境，主要使学生理解"测图只是手段，用图才是目的"。

【能力目标】

掌握利用 CASS9.1 在数字地形图进行坐标、距离、角度、面积等的查询，纵横断面图的绘制及土石方量计算的方法。

在国民经济建设中，各项工程建设的规划、设计阶段，都需要了解工程建设地区的地形和环境条件等资料，以便使规划、设计符合实际情况。通常都是以地形图的形式提供这些资料的。各项工程建设的施工阶段，必须要参照相应的地形图、规划图、施工图等图纸资料保证施工能严格按照规划、设计要求完成。因此地形图是制定规划、进行工程建设的重要依据和基础资料。

传统地形图通常是绘制在纸质材料上的，它具有直观性强、使用方便等优点，但同时存在易损毁、不便保存、难以更新等缺点。数字地形图是以数字形式存储在计算机存储介质上的地形图，与传统的纸质地形图相比，数字地形图具有明显的优越性和广阔的发展前景。随着计算机技术和数字化测绘技术的迅速发展，数字地形图已广泛应用于国民经济建设、国防建设和科学研究的各个方面，如国土资源规划与利用、工程建设的设计和施工、交通工具的导航等。

过去人们在纸质地形图上进行的各种量测工作，利用数字地形图不仅同样可以完成，而且精度更高、速度更快。在 AutoCAD、南方 CASS 等软件环境下，利用数字地形图可以很容易地获取各种地形信息，如量测各个点的坐标、任意两点间距离、直线的方位角、点的高程、两点间坡度等。利用数字地形图，还可以建立数字地面模型 DTM。利用 DTM 可以进行地表面积计算，DTM 体积计算，确定场地平整的填挖边界，计算挖、填方量，绘制不同比例尺的等高线地形图，绘制断面图等。

另外，DTM 还是地理信息系统（GIS）的基础资料，可用于土地利用现状分析、土地规划管理和灾情预警分析等。在工业上，利用数字地形测量的原理建立工业品的数字表面模型，能详细地表示出表面结构复杂的工业品的形状，据此进行计算机辅助设计和制造。在军事上，可用于战机、军舰等的导航以及导弹制导等。

随着科学技术的高速发展和社会信息化程度的不断提高，数字地形图将会发挥越来越大的作用。

任务一　地形图常见几何要素获取及面积量算

任务描述：掌握地形图常见几何要素的获取及面积量算的方法。

一、单点坐标查询

在南方 CASS9.1 软件中，可以直接查询单点坐标，具体操作方法如下：

用鼠标点取"工程应用"菜单中的"查询指定点坐标"或点击绘图窗口左侧工具条上的"坐标查询图标"（见图 4.1）。用鼠标点取所要查询的点即可。也可以先进入点号定位方式，再输入要查询的点号。

系统左下角状态栏显示的坐标是笛卡儿坐标系中的坐标，与测量坐标系的 X 和 Y 的顺序相反。用此功能查询时，系统在命令行给出的 X、Y 是测量坐标系的值。

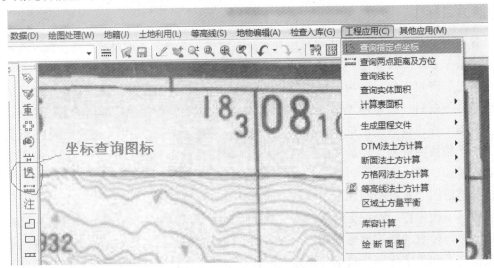

图 4.1　查询坐标

二、距离及方位角查询

在南方 CASS9.1 软件中，可以直接查询两点间的距离及方位角，具体操作方法如下：

用鼠标点取"工程应用"菜单下的"查询两点距离及方位"或点击绘图窗口左侧工具条上的"距离及方位角查询图标"（见图 4.2）。用鼠标分别点取所要查询的两点即可。也可以先进入点号定位方式，再输入两点的点号。

南方 CASS 软件中，所显示的坐标为实地坐标，故所显示的两点间的距离为实地距离。

三、线长、实体面积查询

操作方法同距离及方位角查询。

四、利用 DTM 进行表面积计算

对于不规则地貌，其表面积很难通过常规的方法来计算，在南方 CASS 软件中可以通过建模的方法来计算。系统通过 DTM 建模，在三维空间内将高程点连接为带坡度的三角形，再通过每个三角形面积累加得到整个范围内不规则地貌的面积。例如计算闭合多边形范围内地貌的表面积（见图 4.3）。

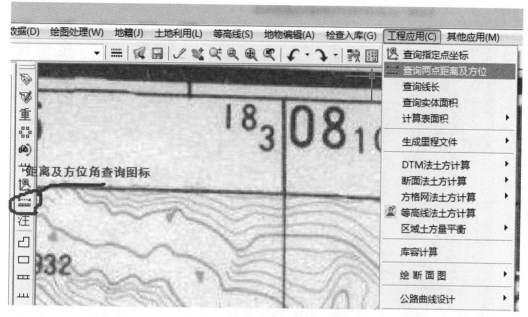

图 4.2　距离及方位角查询

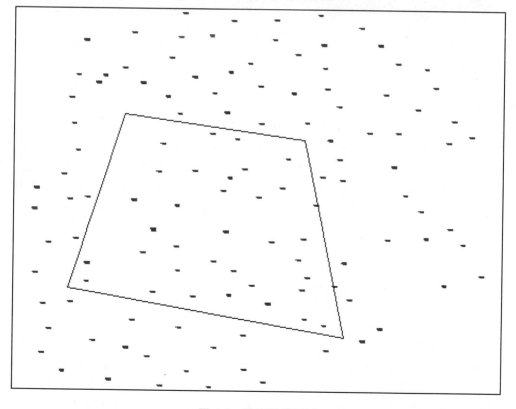

图 4.3　选定计算区域

点击"工程应用\计算表面积\根据坐标文件"命令，命令区提示：选择计算区域边界。

鼠标选择多边形，弹出"输入高程点文件名"对话框，选择 Dgx.dat，命令行出现：请输入边界插值间隔（m）：<20>（在边界上插点的密度）。

输入 5，可得表面积=15 985.805 m²，详见 surface.log 文件。显示计算结果，surface.log 文件保存目录，如图 4.4 所示。

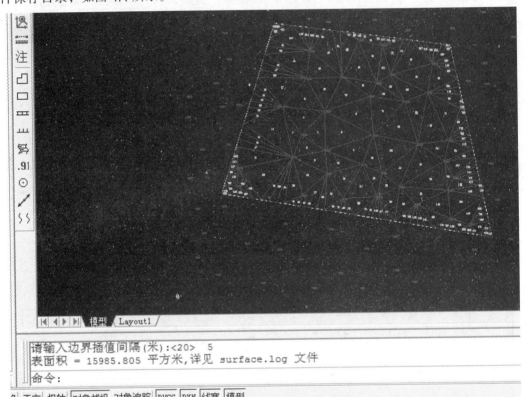

请输入边界插值间隔(米):<20> 5
表面积 = 15985.805 平方米,详见 surface.log 文件
命令:

图 4.4　模型表面积计算结果

另外计算表面积还可以根据图上高程点。操作的步骤相同，但计算的结果会有差异，因为由坐标文件计算时，边界上内插点的高程由全部的高程点参与计算得到；而由图上高程点来计算时，边界上内插点只与被选中的点有关。故边界上点的高程会影响到表面积的结果。到底由哪种方法计算合理与边界线周边的地形变化条件有关，变化越大的，越倾向于由图面上来选择。

任务二　断面图绘制

任务描述：掌握纵、横断面图绘制的方法。

在工程建设中，经常会涉及绘制纵、横断面的情况，南方 CASS9.1 可以很简便地绘制纵、横断面。在南方 CASS9.1 软件中，绘制断面图的方法有 4 种，分别是：根据已知坐标生成、根据里程文件来生成、根据等高线来生成和根据图上高程点来生成，根据里程文件来生成的方法主要用于同时生成多个横断面；其余方法则用于绘制纵断面或单个横断面。

一、根据已知坐标绘制纵断面图/单个横断面

根据已知坐标生成某条线路的纵断面图有根据坐标文件和根据图上高程点两种方法，这两种方法基本步骤是一致的。现以根据坐标文件为例。

先用复合线或多段线在图上绘制连续的纵断面线；如只绘制单个横断面图，可用直线命令绘制单条断面线，如图 4.5 所示。

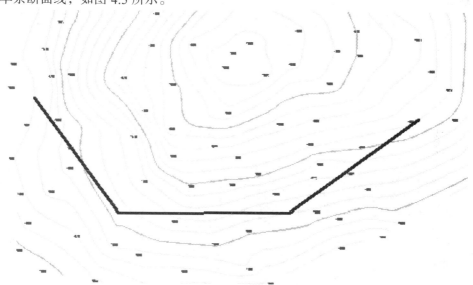

图 4.5　用复合线或多段线在图上绘制断面线

点取"工程应用"下的"绘断面图"下的"根据已知坐标"功能。命令行提示：选择断面线。

用鼠标点取上步所绘断面线。屏幕上弹出"断面线取值"的对话框，如图 4.6 所示。

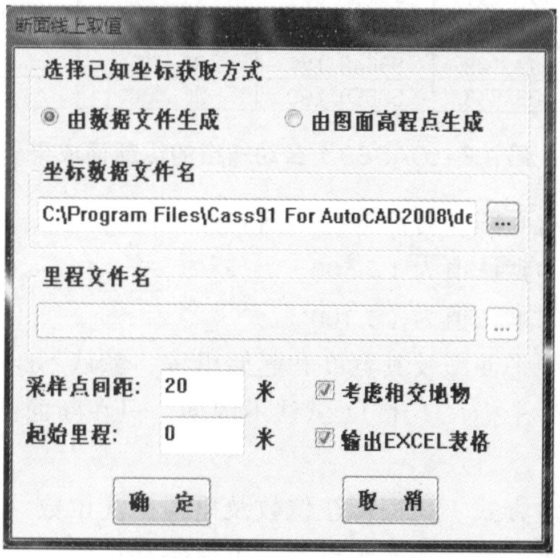

图 4.6　"断面线取值"对话框

选择高程点数据文件 dgx.dat。（如果选"根据图上高程点"此步则为在图上选取高程点）

输入采样点间距：如 20（m），采样点间距的含义是，复合线上两顶点之间若大于此间距，则每隔此间距内插一个点，系统的默认值为 0，可根据实际情况确定。

设置起始里程，系统默认起始里程为 0。根据情况确定是否考虑相交地物（默认考虑）和输出 EXCEL 表格（默认不输出）。如选择输出 EXCEL 表格，确定后系统会自动将纵断面成果数据输出至 EXCEL 表格，如图 4.7 所示。

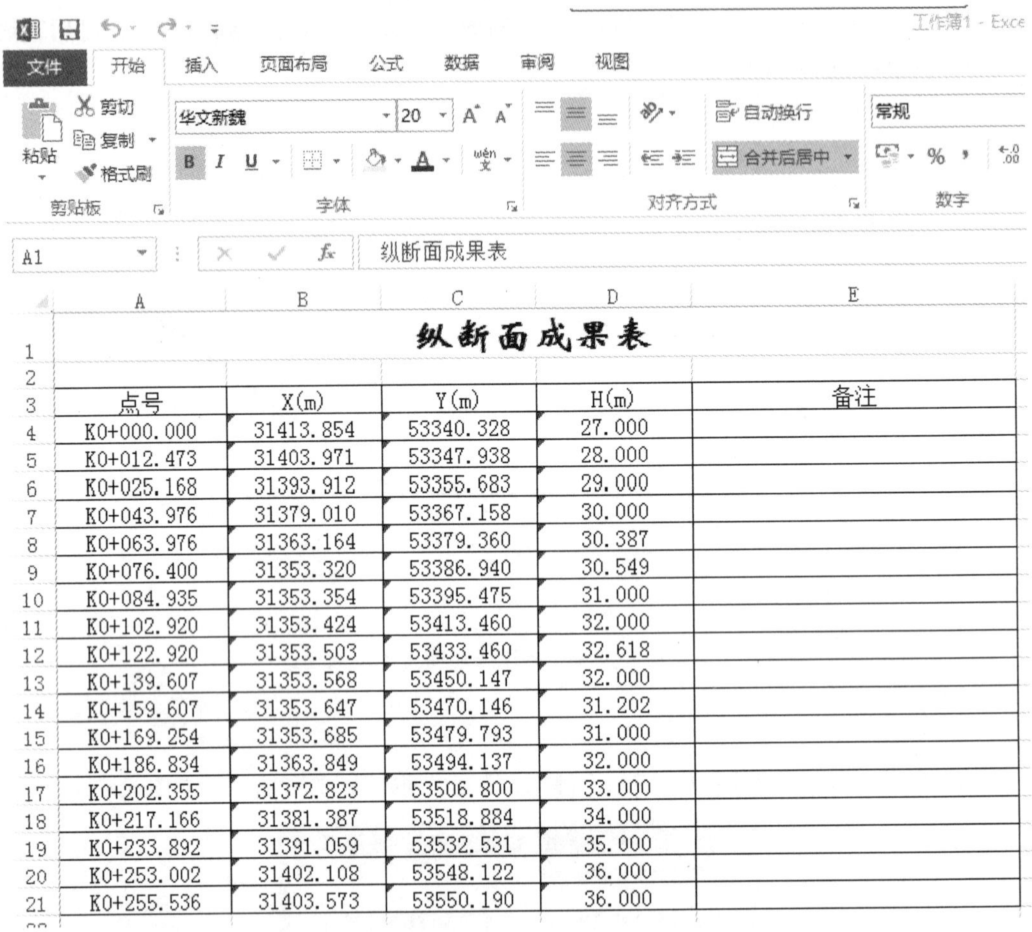

	A	B	C	D	E
1	纵断面成果表				
2					
3	点号	X(m)	Y(m)	H(m)	备注
4	K0+000.000	31413.854	53340.328	27.000	
5	K0+012.473	31403.971	53347.938	28.000	
6	K0+025.168	31393.912	53355.683	29.000	
7	K0+043.976	31379.010	53367.158	30.000	
8	K0+063.976	31363.164	53379.360	30.387	
9	K0+076.400	31353.320	53386.940	30.549	
10	K0+084.935	31353.354	53395.475	31.000	
11	K0+102.920	31353.424	53413.460	32.000	
12	K0+122.920	31353.503	53433.460	32.618	
13	K0+139.607	31353.568	53450.147	32.000	
14	K0+159.607	31353.647	53470.146	31.202	
15	K0+169.254	31353.685	53479.793	31.000	
16	K0+186.834	31363.849	53494.137	32.000	
17	K0+202.355	31372.823	53506.800	33.000	
18	K0+217.166	31381.387	53518.884	34.000	
19	K0+233.892	31391.059	53532.531	35.000	
20	K0+253.002	31402.108	53548.122	36.000	
21	K0+255.536	31403.573	53550.190	36.000	

图 4.7　CASS9.1 自动输出的纵断面成果

接着会弹出“绘制纵断面图”对话框，如图 4.8 所示。

输入横向比例，系统的默认值为 1：500；

输入纵向比例，系统的默认值为 1：100。

根据情况确定是否绘制平面图及其宽度和起始里程，默认不绘制。

设置隔多少里程内插一个标尺（米）（默认不内插，只在断面图左右两侧绘标尺，适用于断面较长的情况）。

根据情况设置距离标注方式、高程标注位数及里程标注位数。可保持默认值。

根据情况设置文字大小、最小注记距离等。可保持默认值。

最后在右上角设置断面图绘制在屏幕上的位置，可输入坐标或直接点拾取图标利用鼠标在屏幕上拾取。确定后在屏幕上则出现所选断面线的断面图，如图 4.9 所示。

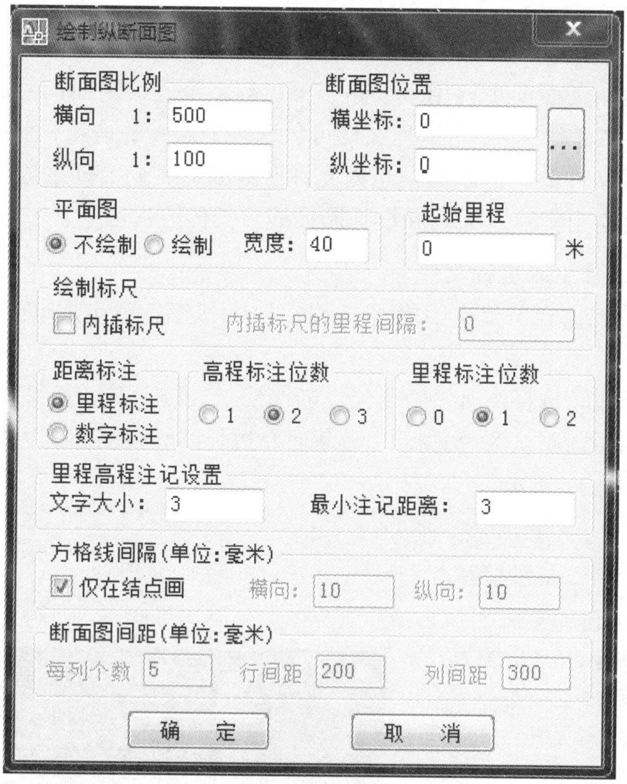

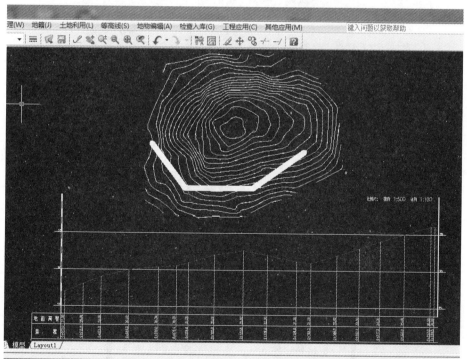

图 4.8　"绘制纵断面图"对话框

图 4.9　绘好的纵断面图

二、根据里程文件生成横断面

根据里程文件绘制断面图主要用于公路、渠道等多个连续断面的绘制。里程文件格式参见南方 CASS9.1《参考手册》。一个里程文件可包含多个断面的信息，此时绘断面图就可一次绘出多个断面。里程文件的一个断面信息内允许有该断面不同时期的断面数据，这样绘制这个断面时就可以同时绘出实际断面线和设计断面线。具体方法如下：

1. 绘纵横断面线及生成里程文件

如图 4.10 所示，点击"工程应用/生成里程文件/由纵断面线生成/新建"，命令行提示：选择纵断面线。

鼠标选择纵断面线（选择图 4.5 中所绘纵断面线），屏幕弹出对话框，根据情况设置中桩获取方式、横断面间距（默认为 20 米）、横断面左边长度和横断面右边长度（默认为 5 米，设置为 15 米），如图 4.11 所示。

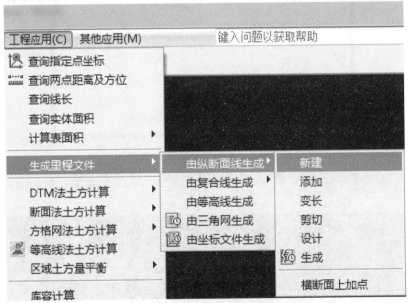

图 4.10　新建里程文件

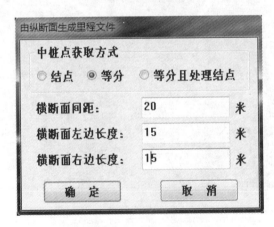

图 4.11　设置横断面参数

点击确定后，系统自动在纵断面线上按 20 米间距，左右各 15 米长绘制出所有横断面线，如图 4.12 所示。

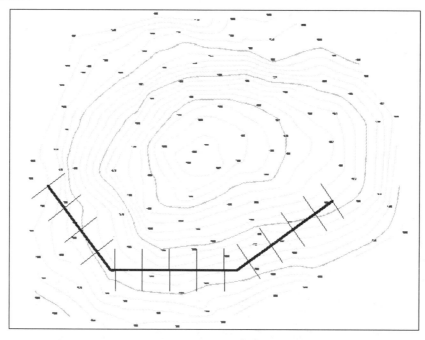

图 4.12　自动在纵断面线上绘制出横断面线

横断面线绘制完成后，还可根据情况对其进行调整，如点击"工程应用/生成里程文件/由纵断面线生成/添加（变长、剪切、设计）"等，可进行添加断面、加长某个断面的边长、剪切掉个别断面及设计标准断面等，在此不做赘述。

直接点击"工程应用/生成里程文件/由纵断面线生成/生成"，命令行提示：选择纵断面线。

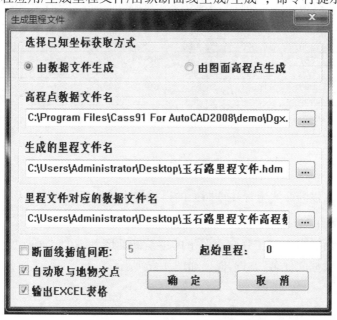

图 4.13　生成里程文件对话框

129

鼠标选取纵断面线，弹出如图 4.13 所示对话框，在其中选择已知坐标获取方式（默认为由图面高程点生成），设置高程点数据文件名、里程文件名、里程文件对应的高程数据文件名（设置文件名时最好将上述文件保存在同一文件夹中，或直接放在桌面上），以及断面插值间距、自动取与地物交点、输出 EXCEL 表格等。完成后点击"确定"。

如选择"输出 EXCEL 表格"，系统自动将横断面数据输出到电子表格中，如图 4.14 所示。

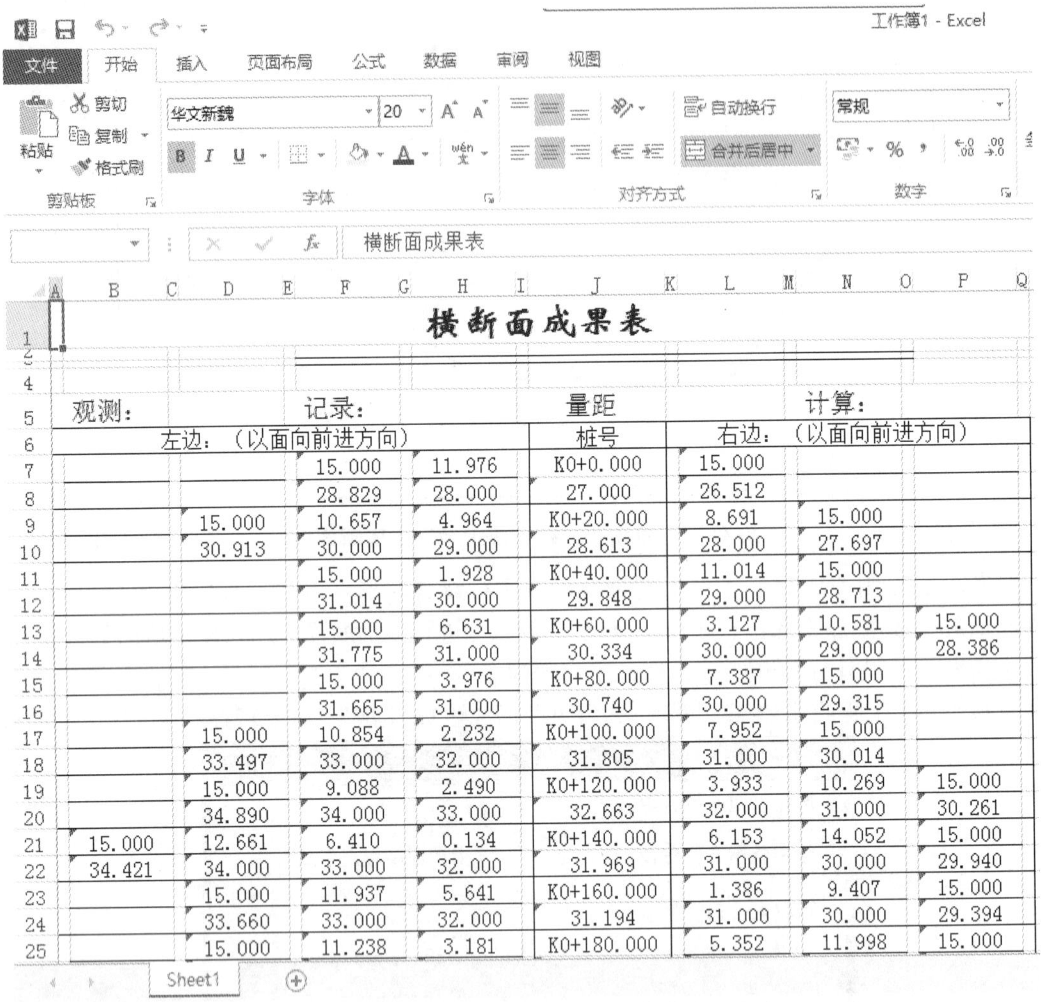

横断面成果表

观测：		记录：		量距		计算：		
左边：（以面向前进方向）				桩号	右边：（以面向前进方向）			
		15.000	11.976	K0+0.000	15.000			
	28.829	28.000	27.000		26.512			
	15.000	10.657	4.964	K0+20.000	8.691		15.000	
	30.913	30.000	29.000	28.613	28.000		27.697	
		15.000	1.928	K0+40.000	11.014		15.000	
	31.014	30.000	29.848		29.000		28.713	
		15.000	6.631	K0+60.000	3.127	10.581		15.000
	31.775	31.000	30.334		30.000	29.000		28.386
		15.000	3.976	K0+80.000	7.387		15.000	
	31.665	31.000	30.740		30.000		29.315	
	15.000	10.854	2.232	K0+100.000	7.952		15.000	
	33.497	33.000	32.000	31.805	31.000		30.014	
	15.000	9.088	2.490	K0+120.000	3.933	10.269		15.000
	34.890	34.000	33.000	32.663	32.000	31.000		30.261
15.000	12.661	6.410	0.134	K0+140.000	6.153	14.052		15.000
34.421	34.000	33.000	32.000	31.969	31.000	30.000		29.940
	15.000	11.937	5.641	K0+160.000	1.386	9.407		15.000
	33.660	33.000	32.000	31.194	31.000	30.000		29.394
	15.000	11.238	3.181	K0+180.000	5.352	11.998		15.000

图 4.14 CASS9.1 自动输出的横断面数据

同时系统自动在横断面线上标注该断面的里程和中桩高程，如图 4.15 所示。

2．生成横断面图

以上步骤完成后，点取"工程应用"下的"绘断面图"下的"根据里程文件"选项，弹出"输入断面里程数据文件名"对话框，如图 4.16 所示。

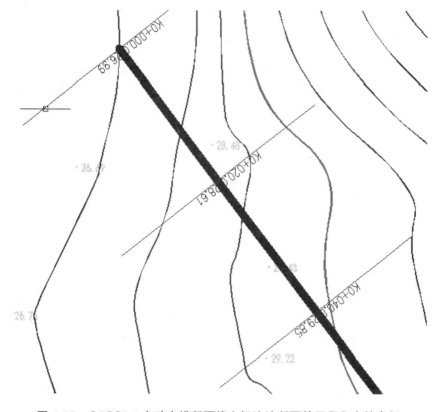

图 4.15　CASS9.1 自动在横断面线上标注该断面的里程和中桩高程

图 4.16　"输入断面里程数据文件名"对话框

选择上述步骤（见图 4.13）所存储的里程文件，点击"打开"。弹出如图 4.8 所示对话框，根据情况设置好相应参数，得到如图 4.17 所示 14 个横断面图。图 4.18 为 K0+000 桩号的横断面图。

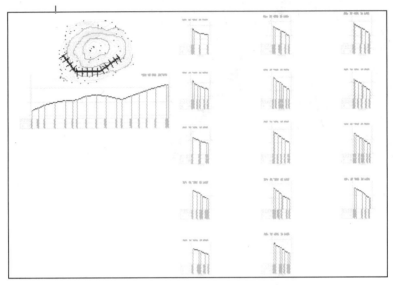

图 4.17　系统自动绘成的 14 个横断面图

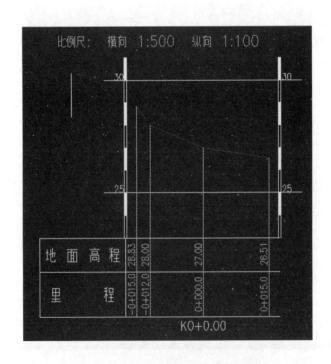

图 4.18　K0+000 桩号的横断面图

任务三　土石方量计算

任务描述：掌握使用 DTM 法进行土石方量计算的方法。

一、CASS9.1 中土方量计算的几种方法

在工程建设中，经常要进行土方量的计算，这实际上是一个体积计算问题。由于各种实际工程项目的不同，地形复杂程度不同，因此需计算体积的形体是复杂多样的。南方 CASS9.1 提供了多种土方量计算的方法，比如 DTM 法土方计算、断面法土方计算、方格网法土方计算及区域土方量平衡法等。用户应根据具体情况选用合适的计算方法，如有可能应采用不同方法计算并进行对比。

DTM 法土方计算可以根据坐标文件、图上高程或图上三角网进行计算，还可以根据前后两期的数据计算两期间的土方量。

断面法土方计算可以用于道路断面、场地断面和任意断面的计算。

方格网法土方计算是在 DTM 的基础上将测区划为一定大小的规则格网，按设计高程分别计算各方格内的填挖量再进行统计汇总，可以根据注记重新计算。

区域土方量平衡是综合测区地形，根据 DTM 计算出场地内的平场高程，使场地内的填挖方量基本相等。

由于内容太多，本书只选取其中较有代表性的 DTM 法土方计算进行说明，其他方法读者可参考南方 CASS9.1 的用户手册，在此不一一赘述。

二、利用数字地面模型计算土方量

在南方 CASS 软件中，可以很方便地使用高程模型法进行土方量计算，由数字地面模型 DTM 来计算土方量是根据实地测定的地面点坐标（X, Y, Z）和设计高程，通过生成三角网来计算每一个三棱锥的填挖方量，最后累计得到指定范围内填方和挖方的土方量，并绘出填挖方分界线。

DTM 法土方计算共有两种方法，一种是进行完全计算，一种是依照图上的三角网进行计算。

完全计算法包含重新建立三角网的过程，又分为"根据坐标计算"和"根据图上高程点计算"两种方法；依照图上三角网法直接采用图上已有的三角形，不再重建三角网。这几种方法操作步骤基本相同。下面以"根据坐标计算"为例进行说明，具体的操作步骤如下：

用复合线（或多段线）画出所要计算土方的区域，并闭合，但尽量不要拟合。因为拟合过的曲线在进行土方计算时会用折线迭代，影响计算结果的精度。

用鼠标点取"工程应用"菜单下的"DTM 法土方计算"子菜单中的"根据坐标文件"。命令行提示：选择计算区域边界线。

用鼠标点取所画的复合线。弹出"输入高程点数据文件"对话框，如图 2.49 所示，选择 Dgx.dat。弹出如图 4.19 所示对话框。

根据情况设置平场标高（默认为 0），设置为 35 米。

根据情况设置边界采样间距（默认值为 20 米）。

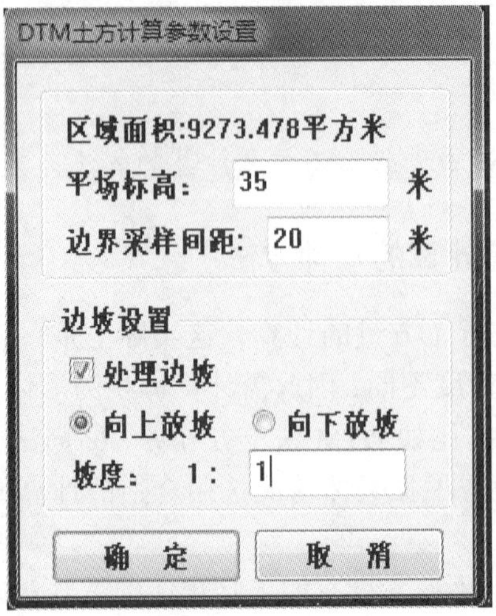

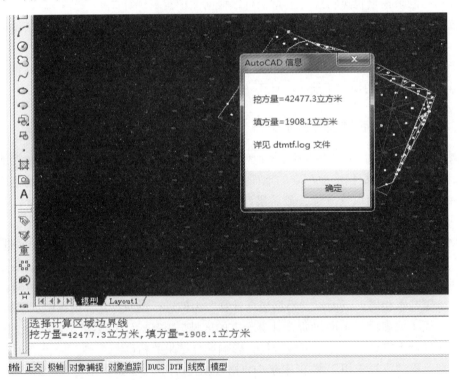

图 4.19　DTM 土方计算参数设置对话框

根据情况确定是否处理边坡及边坡处理类型，如图：向上放坡，坡度 1：1。
点击"确定"，屏幕上弹出图 4.20 所示填挖方信息窗，命令行显示相同信息。

图 4.20　填挖方信息窗

点击"确定"后命令行提示：请指定表格左下角位置：<直接回车不绘表格>。
用鼠标在图上适当位置点击，CASS 软件会在该处绘出一个表格，包含平场面积、最小高程、最大高程、平场标高、填方量、挖方量、计算时间、计算人和图形，如图 4.21 所示。其中白色线条为填挖方分界线。

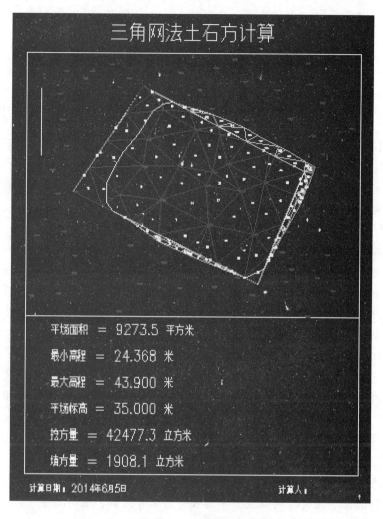

图 4.21　计算结果

【思考题】

1. 数字地形图中如何查询高程?
2. 纵、横断面的绘制有何区别?
3. 土方量计算中哪种方法较为准确? 为什么?

附录 数字化测图专业技术设计书范文

××县城区1∶500比例尺数字化地形图测绘专业技术设计书

1 项目基本情况

1.1 项目概况

为满足××县城镇建设、信息化管理的需要，××县将对城区2008年的地籍图进行修补测量，将各种要素用全野外采集的方法修测成地形图。

1.2 测区概况

××县隶属山东省××市，东经117°18′至117°57′，北纬36°42′至37°9′。位于山东省中北部，黄河下游南岸，鲁中泰沂山区与鲁北黄泛平原的叠交地带。东接工业重地淄博，西临山东省会济南，南依胶济铁路，北靠黄河，济青高速公路横穿全境26 km，西距济南国际机场62 km，东距海滨城市青岛240 km。东西长57.55 km，南北宽50.15 km，全县辖13镇、3个街道办事处，858个行政村，人口72万，总面积1 249.93 km^2。

1.3 主要工作内容

××县开发区约33.5 km^{2}的范围内，在2008年施测的1∶500地籍图的基础上补测地形要素，按照项目要求进行坐标系统转换及数据格式转换，并进行入库数据处理。

1.4 工期要求

自签订合同之日起，最长至××年×月×日。

1.5 技术人员及设备要求

1.5.1 技术人员

参与本工程的技术人员都从事过多年的数字化地形测量、地籍测量工作，熟悉本专业技术，能够解决本专业的各种技术问题。

1.5.2 软硬件设备配置

操作系统：Windows XP操作系统平台。

软件：浙江大学Walk 2009版图数一体化软件。

硬件：数字化全站仪、计算机、GPS接收机等。

2 已有资料分析

（1）由××县提供的C、D级2000国家大地坐标系控制点及××县CORS有关数据、××县各级水准点，可以作为测区内控制测量的起算数据和计算转换数据的参数。

（2）测区1∶10 000影像图可作为生产指挥用图。

（3）数据分层要求。

（4）2008年测量的城区1∶500城镇地籍调查图及控制点成果表、点之记（1980西安坐标系、69.9km^2）。

3 作业依据

（1）GB/T 14912—2005《1∶500 1∶1 000 1∶2 000外业数字测图技术规程》，以下简称《规程》；

（2）GB/T 12898—2009《国家三、四等水准测量规范》；

（3）GB/T 20257.1—2007《1∶500　1∶1 000　1∶2 000 地形图图式》，以下简称《图式》；

（4）GB/T 17278—1998《数字地形图产品模式》；

（5）GB/T 17941.1—2000《数字测绘产品质量要求——第一部分，数字线划地形图、数字高程模型质量要求》；

（6）GB/T 13923—2006《基础地理信息要素分类与代码》；

（7）GB/T 18316—2008《数字测绘成果质量检查与验收》；

（8）CH 1002—95《测绘产品检查验收规定》；

（9）GB/T 18314—2009《全球定位系统（GPS）测量规范》；

（10）GB/T 24356—2009《测绘成果质量检查与验收》。

参考：

（1）CJJ 8—1999《城市测量规范》；

（2）CJJ 73—1997《全球定位系统城市测量技术规程》。

4　主要技术要求

4.1　平面坐标及高程系统

4.1.1　平面坐标系：国家 2000 大地坐标系（中央子午线为 117°45′）。

4.1.2　高程坐标系：1985 国家高程基准，基本等高距为 0.5 m。

考虑将来××县地理信息系统建设和其他需要，所有数据转换一套中央子午线为东经 117°，6 度带第 20 带成果；一套中央子午线为东经 117°45′的 1980 西安坐标系成果备份。

4.2　成图规格

4.2.1　采用 50 cm×50 cm 规格正方形分幅。

4.2.2　分幅图编号

按图幅西南角图廓点坐标公里数编号，X 坐标在前，Y 坐标在后，小数点前取三位数字，小数点后取两位数字。例：070.50—990.25。

4.2.3　图名选择：图名应选用所在图幅内主要居民地名称或主要企事业及行政单位名称，全测区内不得重名。若图内无名可取，应以相邻图幅的东、南、西、北四个方位命名，方位加全角括号，如赵庄（东）。对于无法选取出图名的图幅，以图号代替图名。

4.2.4　高程注记点密度：一般地区高程注记点图上每 dm² 内 8 ~ 10 个，乡镇和居民地密集区及水稻田平坦地区每 dm² 6 ~ 8 个。高程点注记至 0.01 m。

4.3　精度要求

4.3.1　控制点的精度

由于××县建有自己的 CORS 运行站，所以外业控制点测量直接在××县 CORS 站获取平面坐标和大地高，然后利用××县 CORS 运行站的似大地水准面模型来获取正常高。

4.3.2　地形图的精度

（1）一般地物点的平面位置中误差，如表 4.3.2.1 所示。

表 4.3.2.1　一般地物点的平面位置中误差

地区分类	点位中误差	邻近地物点间距中误差
城镇、工业建筑区、平地、丘陵地	±0.15 m	±0.12 m
困难地区、隐蔽地区	±0.23 m	±0.18 m

（2）高程注记点高程中误差：

高程注记点相对于邻近图根点的高程中误差不应大于 1/3 等高距。困难地区放宽 0.5 倍。

（3）允许误差：

以中误差作为衡量精度标准，二倍中误差作为允许误差。

5 生产实施方案

5.1 成图方法概述

利用××县已有的 C、D 级点的 CGCS2000 坐标和 1980 西安坐标，求出转换参数，将 2008 年施测的 1∶500 的地籍图转换成 2000 坐标系下的地籍图。将转换后的地籍图进行回放，进行野外巡视、核查，将需要补测的地物进行标注，错误的进行改正并量取一定数量的边长，内业进行相对精度的统计。同时用全站仪进行外业已有地物点的野外采集，内业进行绝对精度的统计。在接收信号良好的地区，使用××县 CORS 系统直接进行图根点测量；在无法使用 CORS 系统进行测量的地区，布设一级 GPS 网，在一级 GPS 网点上布测图根导线。

修补测量在城区范围，利用全站仪直接进行全要素数据采集，将外业数据导入至计算机中，按照甲方提供的数据分层要求，在 Walk 2009 平台上进行图形编辑。

5.2 作业流程（见图 5.2.1.1）

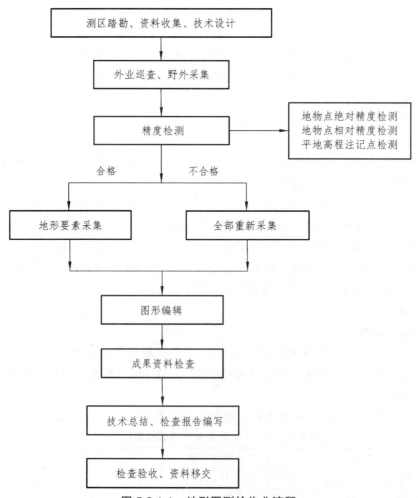

图 5.2.1.1　地形图测绘作业流程

5.3 数据格式转换

将使用瑞得软件格式的1：500城镇地籍图转换为AutoCAD的DXF格式的数据，其转换的技术路线为：

（1）首先把原RDM格式的地籍图利用瑞得数字测图系统RDMS导出为瑞得交换文件EBP格式。

（2）采用武汉瑞得信息工程有限公司基于AutoCAD二次开发的CADtran转换软件，在AutoCAD软件下加载该程序，读取瑞得数字地籍图交换文件。

（3）利用AutoCAD应用程序保存为DXF格式图形文件。

（4）将DXF格式图形文件导入浙大Walk 2009版图属一体化软件进行数据编辑，最终形成Walk格式数字化地形图。

5.4 图形数据的平面坐标转换

（1）根据××县C、D级点同时具有80坐标和2000坐标来求解转换参数，采用平面四参数转换模型，利用最小二乘法求解模型参数。其中涉及求解模型参数的控制点选取，要联测足够的多余观测控制点，以控制、检核坐标转换成果的精度。

（3）利用控制点的转换模型和参数，对1980西安坐标系下的地籍图进行转换，形成2000国家大地坐标系地籍图。

（4）根据转换后的图幅四个图廓点在2000国家大地坐标系下的坐标，重新划分公里格网线，原公里格网线删除。

（5）以上功能均采用《坐标转换软件》实现，该软件主要功能有：

① 计算多种坐标系与2000国家大地坐标间的转换参数；

② 单点或批量进行指定坐标系与2000国家大地坐标系之间的转换；

③ 心坐标系与平面坐标系的转换；

④ 数字线划图的批量坐标系转换；

⑤ 根据预置的高程异常参数，可进行预置范围内大地高与正常高之间的转换；

⑥ 坐标系转换重合点自适应选取及精度评定。

5.5 已有图形的精度检测

5.5.1 相对精度检测

将转换后的图形进行回放，以 km² 为单位进行检测，每幅图至少要均匀量取边长10～15条，内业进行整理做成相对精度统计表，计算出每幅图的相对精度。

5.5.2 绝对精度检测

将转换后的图形进行回放，以 km² 为单位进行检测，每幅图至少要均匀的外业采集地物点10～15个，内业进行整理做成绝对精度统计表，计算出每幅图的绝对精度。

5.5.3 检测后的处理

对于检测精度符合规定的精度进入到下一步工序。

对于检测精度不符合规定的精度，应当分析原因，然后进一步加大外业检查力度，外业再均匀量取 20～30 条边长和采集 30～40 个地物点，内业进行统计，如果仍然不合格，则本幅图定位全面重新测量。

6 控制测量

6.1 仪器检定

6.1.1 对将投入测区使用的各等级全站仪、水准仪、GPS 接收机均要进行检定和检验，其检定结果须符合相应规范的要求。仪器检验、检定资料（副本）整理装订，作为资料上交。

6.1.2 其他作业工具需进行检查、调试和测试，满足作业要求后投入使用。对进行了检视、调试和测试的作业工具需进行标识，其检视、调试和测试的内容、结果须保存记录，以供审查。

6.2 平面控制测量

本次作业所需图根点，主要利用××县 CORS 网络 RTK 系统进行观测获取坐标。在部分地物密集或信号干扰严重导致无法使用 CORS 系统进行观测的地区，需要布测一、二级 GPS 网，在一、二级 GPS 点基础上布测图根导线。执行 CJJ 73—1997《全球定位系统城市测量技术规程》。

6.2.1 一、二级 GPS 点选点、埋石及编号

一、二级 GPS 点应选在视野开阔、便于保存和使用的地方。一、二级 GPS 点需要设置永久性标志，在水泥铺装路面上用冲击钻钻孔，注水泥沙浆，嵌入 10 cm（长）×18 mm（直径）螺杆作为标志（螺杆顶面切割十字作为标志中心），点四周地表刻边长为 20 cm 的方框；一、二级导线点编号以整个测区流水编号法编定，在编号前冠以罗马字"Ⅰ"、"Ⅱ"即Ⅰ1、Ⅰ2、Ⅰ3、…、Ⅰn 和Ⅱ1、Ⅱ2、Ⅱ3、…、Ⅱn 进行编号。编号时应尽量避免漏号，但不允许重号。点位设定后，应在实地点位附近用红色油漆书写点号。标石埋设后应现场绘制点之记。

6.2.2 一、二级 GPS 网观测

一、二级 GPS 网使用 GPS 快速静态观测方法，以测区内不低于 D 级 GPS 点为已知点组建 GPS 网，采用单频或双频 GPS 接收机进行观测，具体观测要求如下：

GPS 接收机≥3；

卫星高度角≥15；

有效观测卫星总数≥5；

观测时段数1；

时段长度≥15′；

采样间隔15 s；

点位几何图形强度因子 PDOP<6。

6.3 图根控制测量

6.3.1 采用 CORS 网络 RTK 进行图根点测量时，要对同一图根点分两时段进行测量，时段间隔20′以上，两时段观测坐标值互差必需小于表 6.3.1.1 中的规定：

表 6.3.1.1 CORS 网络 RTK 测量技术要求

等级	时段数	观测历元数	时段间平面互差	时段间高程互差
图根	2	≥10	≤3 cm	≤6 cm

对于符合要求的图根点，取两时段坐标观测值平均值作为图根点坐标值，其高程值需要通过××县区域大地水准面精化模型计算程序进行高程处理来取得图根点的正常高。

在利用 CORS 站测量图根点的时候，每天应该测量之前进行检查，在测区附近找到原有的 C、D 级 GPS 点进行检核测量，与已知成果进行比较，检核精度在误差允许范围内（≤3 cm 及≤6 cm），方可进行图根测量。每天测量完毕后，再次对已知点进行检核，以保证测量成果的正确性。

对于图根点高程的获取及检查，应该根据测区难易程度和需布设一、二级 GPS 地方确定在两个（或两个以上）已知的 C 或 D 级 GPS/水准共用点之间进行四等水准测量，便于进行图根水准测量和 RTK 高程检核，其中联测部分 RTK 图根点，采用同名点抽样对比方法对其他的图根点的高程进行精度评定，联测图根点比例应在 5% ~ 10%。

6.3.2 在一、二级 GPS 点的基础上布设光电测距图根导线，图根导线的测量技术要求如表6.3.2.1 所示。

表 6.3.2.1 图根导线测量技术要求

附合导线长度/m	平均边长/m	测角中误差/ (")	测回 DJ6	方位角闭合差/ (")	导线相对闭合差
1 200	100	$\leq \pm 15$	2	$\leq \pm 30\sqrt{n}$	$\leq 1/5\ 000$

注：n 为测站数。

6.3.3 极坐标法测量

当图根点数量不足时，可以采用极坐标法增设测站点，但比例不得超过 10%。

采用光电测距极坐标法测量时，应在等级控制点或一次附合图根点上进行，且应联测两个已知方向，边长不大于 300 m，距离单向观测一测回，半测回较差不大于 30"。采用光电测距极坐标法所测的图根点，不应再次发展。

6.3.4 图根点密度应满足《城市测量规范》的要求，点位的选定须有利于测图。图根点位于铺装地面时，采用镶嵌钢钉作为标志，当遇土质地面时，可采用木桩来固定点位。

6.3.5 图根点编号前冠以开发区拼音首字母作为字头，具体字头为：K001、K002 等，以此类推。

6.3.6 图根高程控制

使用光电测距方法施测的图根点，其高程采用图根水准测量方法测定，可沿图根点布设为附合路线或结点网。图根水准测量应起迄于不低于四等精度的高程控制点上（使用水准检核联测的一、二级 GPS 点及 RTK 点）。附合路线长度不得大于 5 km，支线长度不应大于 2.5 km。使用不低于 DS_{10} 级的水准仪（i 角应小于 30"），按中丝读数法单程观测（支线应往返测），估读至 mm。

7 地形图修补测具体要求

7.1 测区范围

× × 县城区开发区，面积约为 33.5 km²。

7.2 作业组织

将图形按照 16 幅为一个单元进行划分，每个小组领取 16 幅，进行外业相对精度和绝对精度检测，并形成表格，外业核查，最后进行要素补测，小组之间在数据采集和处理时要做到不重不漏，以保证地形要素的完整表示。

7.3 地形要素的分层

各地形要素的编码和分层按照甲方提供的 Walk 2009 软件标准分层模版执行。

7.4 仪器设置及碎部点测量

（1）仪器对中偏差不大于 5 mm。

（2）以较远一测站点标定方向，另一测站点作为检核，算得检核点平面位置误差不大于 5 cm；高程较差不应大于 8 cm；（无另一测站点检核数据 Walk 2009 软件作为无效数据处理）。

（3）每站数据采集时均需检测邻近测站不少于两个碎部点（否则 Walk 2009 软件作为无效数据处理）。

（4）碎部点观测记录应包括测站点号、仪器号、观测点号、编码、觇标高、斜距、垂直角、水平角等信息。为了简化外业采集，要素编码可以自行规定以简码表示，但在数据处理完成后，以简码记录的要素数据均应转换为符合标准要素模版的代码。

（5）每天采集的外业数据应做好统一格式标签，作业结束后随成果同时上交。

7.5 要素补测要求

地形图的地物、地貌的各项要素的表示方法和取舍原则，除按现行国家标准《规程》和《图式》执行外，还应符合××县国土资源局实际应用的需求，着重表示与城镇规划、建设有关的各项要素，以满足××县国土资源局对地形、地籍资料管理的需要。

7.5.1 测量控制点

测区内的国家等级三角点、水准点、A（CORS 站）、C、D、级 GPS 点和一、二级导线点、图根点，一律按点位坐标展绘在图上，按《图式》规定表示符号。

7.5.2 水系及附属设施

（1）河流、水库、池塘、沟渠、泉、井等及其他水利设施，均应准确测绘表示，有流向的标注流向，有名称的加注名称。

（2）河流、水库、池塘、沟渠等水涯线按测图时的水位测定，当水涯线与陡坎线在图上投影距离小于 1 mm 时以陡坎线符号表示。沟渠在图上宽度小于 1 mm 的用单线表示，否则用双线表示。

水系附属设施如码头、浮码头、水闸等均依比例测绘表示。

（3）水渠应测注渠顶边和渠底高程；堤坝应测注顶边及坡脚高程；池塘应测注池顶边及塘底高程；泉、井应测注泉的出水口与井台高程，不注记井台至水面的深度。

各种干出滩用相应的符号或采用注记的方式在图上表示，并均匀测注高程。

7.5.3 居民地及设施

（1）居民地的各类建筑物、构筑物及主要附属设施应准确测绘实地外围轮廓和如实反映建筑结构特征。

房屋的轮廓应以墙基外角为准，逐个表示，并按建筑材料和性质分类（测区彩钢夹心板结构厂房较多，统一注："混"），注记层数。

要精确测定房屋、围墙、栅栏等建筑物的特征点，使其点位中误差达到±5 cm 之内，以满足后续地籍图测量的要求。

房屋按实际层数注记，不同层次、不同高度（差值大于 2.2 m）的房屋需分别独立表示。地下室、车库、人字形房顶、水箱以及单幢房屋中底层和顶层层高在 2.2 m 以下的房屋均不计层数。有些楼房上部的前后部分层数不一致，当前面部分（或后面部分）的长度均大于 3 m 时应分别注记层数，若其中有小于 3 m 的，则可合并到主楼。

临时性房屋不表示，街道两侧不正规的石棉瓦小雨棚、临时建筑物、售货亭等不表示。机关、企事业单位内正规的停车棚图上大于 6 mm² 的，用棚房符号表示。

（3）房屋内部天井宜区分表示。

（4）图上宽度大于 1 mm 的室外楼梯应表示。除较大单位房屋入口处的台阶要表示外，居民住宅房基前的台阶不要表示。正规的垃圾楼、垃圾台应表示。

（5）居民地内图上大于4 cm²的水泥地要表示，并注 "水泥地"；小于4 cm²的一律不表示。企事业单位内水泥地按内部道路表示。

（6）图上应准确表示工矿建筑物及其他工业设施的位置、形状和性质特征。工矿建筑物及其他工业设施依比例尺表示的，应实测其外部轮廓，并配置符号或按图式规定用依比例尺符号表示；不依比例尺表示的，应准确测定其定位点或定位线，用不依比例尺符号表示。

（7）凡依比例尺的烟囱、水塔、纪念碑、塑像、宝塔、微波传递塔等独立地物，按其落地位置范围的几何图形中心，即为此地物的中心点，在其中标注的符号仅起说明作用。不依比例尺表示时，地物中心点与符号定位点在图上必须一致。

（8）当抽水泵站的房屋图上尺寸小于符号时，房屋不绘，只绘符号，其他类推。

（9）散坟应表示。公墓或大面积的墓地用地类界表示范围，中间配置符号，不注坟数。有名称的墓地要加注名称。独立坟符号慎用。

（10）固定的宣传橱窗与大型宣传、广告牌需表示，注意此符号按真方向表示。高度在4 m以上，有方位意义的独杆广告牌需要表示，符号的定位点为广告牌支柱的几何中心。

（11）景观路段的突出的杆柱装饰性路灯应视图面负载情况择要表示，其他地区一般不表示。单位内沿街起亮化作用的照射灯不表示。

（12）邮筒不表示。季节性谷场不表示。

（13）文物古迹应注意调查，挂牌名木古树应表示。

（14）公安机关布设的监视摄像头必须表示。（由国土局联系相关资料）

7.5.4　交通

（1）图上应准确反映陆地道路的类别和等级，附属设施的结构和关系；正确处理道路的相交关系及与其他要素的关系；正确表示河流的通航情况及各级道路的关系。

（2）铁路轨顶（曲线段取内轨顶）、公路路中、道路交叉处、桥面等应测注高程，隧道、涵洞应测注底面高程。

（3）公路与其他双线道路在图上均应按实宽依比例尺表示。

国道、省道应注出路线编号，如G246、S321等，不注公路技术等级代码；高速公路、城区内的主次干道注出道路名称，如济青高速公路、明发路等。

公路、街道按其铺面材料分为水泥、沥青、砾石、条石或石板、硬砖、碎石和土路等，应分别以砼、沥、砾、石、砖、渣、土等注记于图中路面上，铺面材料改变处应用点线分开。

（4）铁路与公路或其他道路平面相交时，铁路符号不中断，而将另一道路符号中断；城市道路为立体交叉或高架道路时，应测绘桥位、匝道与绿地等，多层交叉重叠，下层被上层遮住的部分不绘，桥墩或立柱应表示，垂直的挡土墙可绘实线而不绘挡土墙符号。

（5）路堤、路堑应按实地宽度绘出边界，并在其坡顶、坡脚适当测注高程。

（6）道路通过居民地不宜中断，应按真实位置绘出。

高速公路应绘出两侧围建的栅栏（或墙）和出入口，中央分隔带应表示。

市区街道应将车行道、过街天桥、过街地道的出入口、分隔带、环岛、街心花园、人行道与绿化带等绘出。

（7）内部道路只表示公园、工矿、机关、学校、居民小区内部的主要道路，通向各栋楼的一般舍弃。

（8）跨河或谷地等的桥梁，应实测桥头、桥身和桥墩位置，加注建筑结构。

7.5.5 管 线

管线只绘地面露出部分。永久性的电力管线、电信线均应准确表示，电杆、铁塔位置均应实测。当多种线路在同一线杆上时，只表示主要的。城市建筑区内电力线、电信线可不连线，但应在杆架处绘出线路方向，少于三根杆子的支线不表示。各种线路应做到线类分明，走向连贯。

架空的、地面上的、有管堤的管道均应实测，分别用相应符号表示，并注记传输物质的名称。当架空管道直线部分的支架密集时，可适当取舍。

地下管道检修井只表示街道上的及较大工矿单位内铺装道路上的检修井，按相应符号表示。

7.5.6 境 界

境界的测绘应正确表示出境界的类别、等级、位置以及与其他要素的相互关系，当两级以上的境界重合时，图上只表示高一级的境界符号。（测区只有村界，资料有国土局协调）

7.5.7 地 貌

（1）地貌的测绘，图上应正确表示其形态、类别和分布特征。

（2）自然形态的地貌宜用等高线表示，崩塌残蚀地貌、坡、坎和其他特殊地貌应用相应符号或用等高线配合符号表示。

（3）各种天然形成和人工修筑的坡、坎，其坡度在 70°以上时表示为陡坎，70°以下时表示为斜坡。斜坡在图上投影宽度小于 2 mm，以陡坎符号表示。当坡、坎比高小于 1/2 基本等高距或在图上长度小于 5 mm 时，可不表示。坡、坎密集时，可适当取舍。

（4）坡度在 70°以下的石山和天然斜坡，可用等高线或用等高线配合符号表示。独立石、土堆、坑穴、陡坎、斜坡、梯田坎、露岩地等应在上下方分别测注高程，不采用注记比高的方式表示相对高差。

（5）坡面较宽时用范围线（点线）表示出坡脚线。

（6）居民地及稻田地不绘等高线。

7.5.8 植被与土质

（1）地形图上应正确表示出植被的类别特征和范围分布。对园地、耕地应实测范围，配置相应的符号表示。大面积的植被在能表达清楚的情况下，可采用注记说明（一般地，旱地符号不注，在右下角的附注中以文字说明）。同一地段生长有多种植物时，可按经济价值和数量适当取舍，符号配置不能超过三种（连同土质符号）。对于其他耕地、园地等，则配置相应的符号。

（2）旱地包括种植小麦、杂粮、棉花、烟草、大豆、花生和油菜等的田地，经济作物、油料作物应加注品种名称。一年分几季种植不同作物的耕地，应以夏季主要作物为准配置符号表示。

（3）田块内应测注有代表性的高程。

7.5.9 各类注记

各类注记包括各种地理名称、说明注记和数字注记。所有的街道、村庄、江河、山名及能注记下名称的企事业单位、公园、学校、医院、居民小区的名称均须调查核实并正确注记。桥梁、隧道有名称的亦应调注名称。

单位名称以挂牌名称（法定名称）为准，若一门多牌，应注意选其中不超过 2 个主要单位名称注记（注意租房单位）；高程注记的数字应字头朝北；一层的房屋只注记房屋结构。

注记的字体应清晰易读，指向明确，当图面无法负载时，可移位标注，但应注意表示清楚、正确，以防止用户使用时误读、误判。

7.6 图外整饰

地形图的图外整饰统一按以下格式进行：

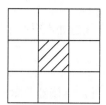

图 号

图 名

秘密

×× 县 国 土 资 源 局

1∶500

国家 2000 大地坐标系，中央子午线为 117°45′

1985 国家高程基准，基本等高距 0.5 m。

GB/T 20257.1—2007 国家基本比例尺地图图式第 1 部分：

1∶500　1∶1 000　1∶2 000 地形图图式。

测量员：×××

绘图员：×××

检查员：×××

7.7 图边拼接

7.7.1 要素几何图形的接边误差不应大于本方案 4.3.2 中平面、高程中误差的 $2\sqrt{2}$ 倍。在进行数据接边时，不仅要对要素几何关系进行拼接，还要保证要素属性和拓扑关系的一致性。

7.7.2 不同作业单位或同一作业单位不同作业员、作业队之间的接边工作，原则上各负责接东、南图边，接边时双方参加，一人负责接边，一人负责检查。

7.7.3 各类地物的拼接，不得改变其真实形状和相关位置，直线地物在接边处不得产生明显转折。

7.8 地形图数据的编辑

7.8.1 一般要求

地形图的数据编辑在 Walk 2009 软件中进行，自动生成数据库文件。应按外业测绘的内容，用人工操作的方式，逐个对地形图上表示的内容作编辑修改。要以统一的要素代码分层标准，对图形数据及其属性数据等进行确认、补充、修改、增加和删除。

7.8.2 编辑原则

（1）完整性原则：考虑到 GIS 在对地理数据分析、决策时的准确性，线状和面状地物不得因注记、符号等而间断；要保持房屋、水系、道路、植被面状地物边界等的完整封闭，符号块不能打碎，使其满足建库要求。

（2）捕捉到位原则：相邻地物要素的交点要捕捉到位，如与房屋连接的围墙线与房屋边线应捕捉到位。

（3）公共边重合原则：当地物有公共边时，先确定一边，另一边用拷贝方式生成，保证完全重合。

（4）面状地物封闭原则：编辑中，凡面状地物均应各自封闭，并由唯一实体构成。对于靠内图廓边的地物，即使不完整，也应以内图廓边为界进行封闭，如房屋、水体等。

8 成果、成图的检查验收

8.1 质量检查的基本要求

（1）检查的内容主要为：控制点测量检查、地形外业检查、内业编辑检查、地形图检查。

（2）保证使用先进的性能优良的仪器设备，所使用的各类测绘仪器均需在法定单位检验使用期内，逾期的需重新检验。作业人员应选用本单位合格的上岗人员进行作业。

（3）质检工作应贯穿于生产全过程，各级检查员应认真履行自己的职责，有计划有组织地进行检查工作。各级检查应认真填写检查记录。

（4）本测区作业严格执行二级检查制度，作业中队在作业小组自查、互检的基础上对成果进行过程检查，质量管理科在作业中队过程检查的基础上对成果进行最终检查。

（5）作业中队对地形图要进行 100% 的过程检查，对每幅图作出质量评定，写出测区技术总结，保存过程检查记录（以幅为单位）。分批或一次性上交院质检部门进行最终检查，院级最终检查不少于产品总数的 10%。对测区的成果、成图质量进行综合评价，写出最终检查报告。

（6）检查参照国家测绘局制定的《测绘产品检查验收规定》及《数字测绘成果质量检查与验收》执行。生产作业单位过程检查必须对测绘产品进行三项精度（平面精度检测量为 5%、地物间距检测量为 20%、高程精度检测量为 5%，单位产品检验的抽样数为 20~30 个）的检测，并提交检测成果。

（7）作业单位提供资料的规格、形式、内容、表示方法等应一致，并对提供的资料进行全面的检查、复核，确保资料的统一、美观和完整。

8.2 控制测量检查

（1）控制点测量的检查：主要有控制点实地位置是否满足要求、点位埋设是否规范，野外观测程序、观测手段、观测精度及记录是满足规范要求。

（2）控制点测量平差计算：检查控制点平差软件是否符合设计要求；平差精度是否符合规范要求。

（3）采用 CORS 观测图根点平均值取值是否符合要求，高程值是否经过精化处理。

（4）控制点测量成果资料的整理是否完整规范，是否满足设计要求等。

8.3 外业检查

对地形外业工作的检查主要内容有：定向点资料应用情况的检查，使用仪器的检查、工作流程的检查等。对每批次地形图应根据地形图的困难程度抽取 10% 的图幅进行实地检查，主要检查地形图地物点的绝对精度和相对精度，外业测绘的高程精度。

（1）检查控制资料及碎部点计算是否正确。

（2）外业采集数据是否有错、漏，对于错、漏采的地物、地貌应当重测或补测。

（3）采用全站仪设站野外实测地物点坐标，主要实测实地无遮挡且较明显的地物，居民区一般每批图实测地物点坐标不应少于 30 处，或实地量取明显地物点间距，居民区一般每幅图量距不得少于 20 处，并应均匀分布，以便准确衡量图幅的测量精度。

（4）高程精度检查主要对象为铺装路面和管道检修井井口、桥面、广场、较大的庭院或空地等地物。

（5）检测时注意抽取不同作业员的图幅进行检测。

（6）对需要向下工序说明的事项，另加作业说明。

8.4 图形编辑检查

图形编辑主要采用 walk 软件字典数据检查功能进行数据检查。主要检查作业员在计算机图形编辑过程中是否按照五大原则进行作业（完整性、捕捉到位、避让、公共边重合、面状地物封闭）。

（1）各种要素的表示方法是否合理、准确；

（2）分层是否合理、标准；

（3）线型库、符号库、字库是否标准；

（4）图幅的接边是否合理、规范；

（5）所有数据是否满足《图式》标准。

8.5 大队级检查的方法及数量

在作业小组自查的基础上，对本项目成图实行二级检查。过程检查由各生产中队负责，内、外业检查应保证 100%；最终检查由大队质检部门负责，内业 100% 检查，外业 10% 抽查。生产中队检查后填写过程检查质量评分表；质检部门检查后填写最终检查质量评分表。各级检查着重下列方面：

（1）外业检查：

输出回放图，野外进行全面检查，着重检查有地物、地形要素表示是否正确、合理；是否有漏测、错绘现象；检查地形图等高线与实地是否相符。同时检查地物点的数学精度是否满足规范要求。

① 相对精度检查：所有图幅均应进行该项精度统计，居民区一般每幅图量距不得少于 20

147

处，并应均匀分布，以便准确衡量图幅的相对精度。

②绝对精度检查：抽取 5%的图幅进行，采用全站仪设站野外实测地物点坐标，统计地物点点位中误差。居民区一般每幅图实测地物点坐标不应少于 30 处，并应均匀分布，以便准确衡量成图的绝对精度。

③高程精度检查主要对象为铺装路面和管道窨井井口、桥面、广场、较大的庭院或空地上等能准确测出高程的地物。

（2）内业检查：

在计算机上打开图形文件，检查地形图要素有无遗漏，分层、编码、线形等是否正确，接边是否合理，尤其注意植被、电力线、注记的接边。

①数据中不应存在多余的层、块、线型等垃圾数据，保证数据量最小。

②注记尽量以一个整体标注，尤其是房屋注记，不要分别注房屋结构和层数，一条标注中间不要加空格。

③植被符号标注时要考虑同种植被构面，尤其是居民地周围情况，要考虑植被如何方便构面，不要出现少地类界现象。

按照以上要求对已编辑数据抽取 10%的图幅进行检查，如发现问题较多或共性问题，退回重新编辑。

9 上交资料

9.1 控制资料

（1）仪器检定资料（复印件）1 套；

（2）一、二 GPS 观测记录、平差计算成果 1 套；

（3）四等水准联测观测记录、平差计算 1 套；

（4）图根导线平差成果 1 套；

（5）网络 RTK 图根点观测数据记录文件；

（6）各级控制点成果表分级装订各 1 套；

（7）各级控制点成果光盘 1 式 3 份。

注：若实际测区布设了一、二级导线，则需要提供（2）、（3）、（4）项的资料。

9.2 地形测量资料

（1）1∶500 数字线划地形图数据和 Walk 数据库文件；

（2）标准分幅（50 cm×50 cm）的全要素 1∶500 数字线划地形图数据（1 套）；

（3）全部实测点的流动站和全站仪下载的原始数据；

（4）符合入库格式的地形图电子数据一套；

（5）测区内各级检验数据及资料；

（6）1∶500 图幅分幅接合表 1 套；

（7）其他需提供的资料。

9.3 文档资料

（1）技术设计书及审批意见 1 份；

（2）检查报告 1 份；

（3）技术总结 1 份；

（4）其他文件、资料等（纸质成果、电子数据各一份）。

参考文献

[1] 冯大福. 数字测图[M]. 重庆：重庆大学出版社，2010.

[2] 徐宇飞. 数字测图技术[M]. 郑州：黄河水利出版社，2005.

[3] 张博. 数字化测图[M]. 北京：测绘出版社，2010.

[4] 杨晓明，沙从术，郑崇启，等. 数字测图[M]. 北京：测绘出版社. 2009.

[5] 单玉环. 未来数字化测图的发展方向[J]. 中国地名，2010（07）：59-60.

[6] 国家测绘局. 测绘技术设计规定[S]. 2006.

[7] 全国人民代表大会常务委员会. 中华人民共和国招投标法[S]. 2000.

[8] 国家测绘局测绘标准化研究所. 1：500 1：1 000 1：2 000 外业数字测图技术规程[S]. 2005.

[9] 国家测绘局测绘标准化研究所. 1：500 1：1 000 1：2 000 地形图图式[S]. 2007.

[10] 国家测绘局测绘标准化研究所. 基础地理信息要素分类与代码[S]. 2006.

[11] 北京市测绘设计研究院. 城市基础地理信息系统规范[S]. 中华人民共和国建设部，2004.

[12] 国家测绘局测绘标准化研究所. 数字测图成果质量要求[S]. 2008.